Ravikant Sharma

Análise FEA e otimização da articulação universal e do veio de transmissão

Ravikant Sharma

Análise FEA e otimização da articulação universal e do veio de transmissão

ScienciaScripts

Imprint

Cover image: www.ingimage.com

This book is a translation from the original published under ISBN 978-3-330-32677-4.

Publisher:
Sciencia Scripts
is a trademark of
Dodo Books Indian Ocean Ltd. and OmniScriptum S.R.L publishing group

120 High Road, East Finchley, London, N2 9ED, United Kingdom
Str. Armeneasca 28/1, office 1, Chisinau MD-2012, Republic of Moldova, Europe
Printed at: see last page
ISBN: 978-620-7-41049-1

RESUMO

O objetivo da junta universal é formar uma ligação entre o veio de transmissão e os veios de transmissão, cujos eixos se intersectam e a rotação de um veio em torno do seu próprio eixo resulta na rotação do outro veio em torno do seu eixo. No presente trabalho, procede-se à otimização do projeto da viga de junta universal e do veio de transmissão utilizando o software ANSYS. O modelo do jugo de junta universal foi desenvolvido no Solid works e guardado num ficheiro parasolid x_t, sendo depois importado para o ANSYS workbench. O modelo do veio de transmissão foi gerado no ANSYS. Foi efectuada a análise por elementos finitos de uma ponte de junta universal e de um veio de transmissão. No presente trabalho, foi efectuada a análise estática e modal de uma junta universal e de um veio de transmissão. Os resultados da tensão de von-mises equivalente, da tensão e da deformação foram representados e comparados com os resultados existentes. A análise modal foi efectuada para estudar as frequências inerentes e as formas dos modos de vibração com a respectiva deformação.

Listas de conteúdos

CAPÍTULO 1 3

CAPÍTULO 2 7

CAPÍTULO 3 14

CAPÍTULO 4 24

CAPÍTULO 5 31

CAPÍTULO 6 45

CAPÍTULO 7 54

CAPÍTULO 8 67

CAPÍTULO 1

INTRODUÇÃO E FORMULAÇÃO DO PROBLEMA

1.1 INTRODUÇÃO

A junta universal é uma forma de ligação entre dois veios, cujos eixos se intersectam. A rotação de um eixo em torno do seu próprio eixo resulta na rotação do outro eixo em torno do seu eixo. A primeira pessoa que se sabe ter sugerido a sua utilização para a transmissão de energia foi Gerolamo Cardano, um matemático italiano, em 1545. Na Europa, o dispositivo é frequentemente designado por junta de cardan.

É um tipo de acoplamento numa haste rígida que permite que a haste se dobre em qualquer direção e é normalmente utilizado em veios que transmitem movimento rotativo. É constituída por um par de dobradiças, designadas por pinos, localizadas próximas umas das outras, com uma orientação de 90° entre si, ligadas por um eixo transversal, designado por aranha ou munhão. thNo século XX, a utilização da junta universal abrangia uma vasta gama de aplicações. Hoje em dia, este acoplamento é utilizado em todos os veículos, como automóveis, autocarros, camiões, etc.

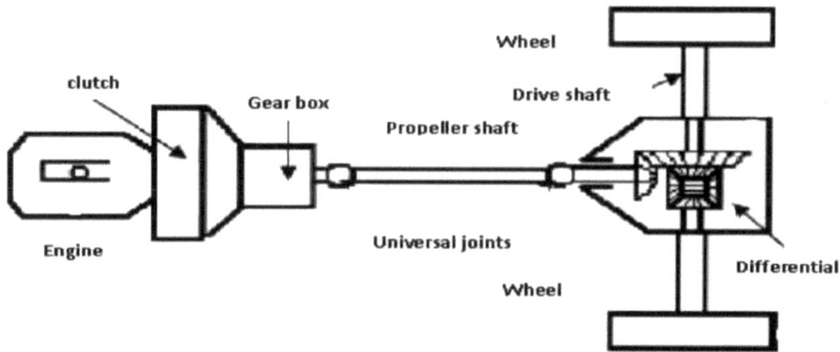

Figura 1.1 Junta universal e veio de transmissão

1.2 Classificação da junta universal

São normalmente utilizados três tipos de juntas universais.

1. Articulação cruzada ou em aranha (junta de velocidade variável).

2. Junta esférica e munhão (junta de velocidade variável).

3. Juntas de velocidade constante.

A junta universal de tipo cruzado é constituída por duas jugos em forma de Y e uma peça cruzada (aranha). Uma das jarretes está ligada ao veio de acionamento e a outra ao veio de transmissão. A peça transversal tem quatro braços que são conhecidos como munhões e estão ligados às extremidades das forquilhas. São fornecidos quatro rolamentos de agulhas - um para cada braço da peça transversal. Estes rolamentos permitem que a forquilha gire em torno do munhão, quando o veio de acionamento e o veio de transmissão giram em conjunto num ângulo. Trata-se de uma junta de velocidade variável, ou seja, o veio motor e o veio acionado não rodam à mesma velocidade durante uma rotação. No entanto, as suas rotações são iguais. Isto acontece porque os dois veios não estão em linha reta.

A junta do tipo bola e munhão consiste numa cabeça do tipo bola que é fixada a uma extremidade do veio da hélice. Um pino é também pressionado através desta extremidade do eixo. Duas esferas de aço são colocadas na extremidade deste pino. A junta facilita o movimento rotativo através da esfera e do pino. As esferas também se podem mover axialmente.

A junta universal de velocidade constante permite o movimento dos veios motriz e movido a uma velocidade constante, uma vez que, neste caso, as duas juntas funcionam nos mesmos ângulos. Estas juntas são geralmente utilizadas quando o automóvel é de tração dianteira (eixo), porque a variação de velocidade entre o eixo motor e o eixo acionado introduz dificuldades na direção e um desgaste excessivo dos pneus.

1.3 Formulação do problema

As variáveis típicas do projeto da forquilha são os pinos e a espessura da placa de base, como se mostra na fig. 1.2. A distância entre os dois pinos tem de ser a mesma para manter as outras dimensões. A distância entre os pinos não é alterada porque a outra dimensão afectará as tensões e a deformação na forquilha. A função objetivo consiste em minimizar a deformação na forquilha e no veio de transmissão, alterando os parâmetros externos (tamanho e forma) da forquilha e do veio de transmissão. No veio de transmissão, o comprimento do veio não pode ser alterado, pois isso afectará todo o conjunto. A variável de projeto é o diâmetro do veio. São gerados vários desenhos aleatórios, variando os valores das variáveis de desenho dentro dos limites especificados, antes de o optimizador chegar ao melhor desenho.

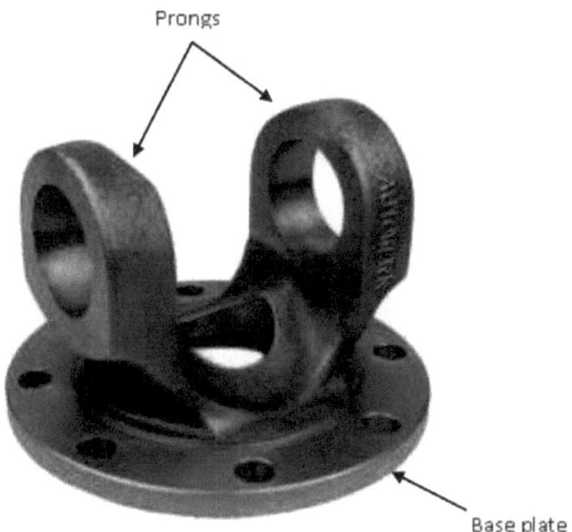

Figura 1.2 Joelho de junta universal

Como a articulação da forquilha é o componente de transmissão de movimento, a carga que actua na forquilha é constituída por dois momentos de torção que actuam nos locais de montagem da forquilha em direcções opostas. No veio de transmissão, ocorrem forças de torção, de flexão e normais durante o funcionamento do veio, como se mostra nas figuras 1.3 e 1.4

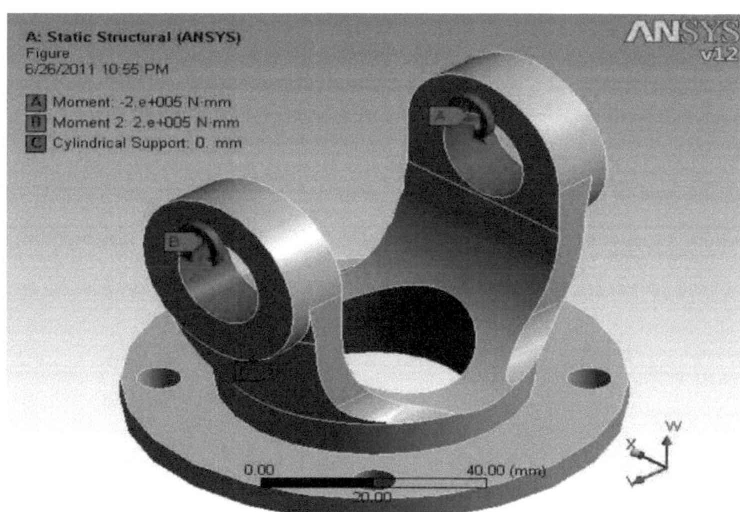

Figura 1.3 Momentos e restrições aplicados

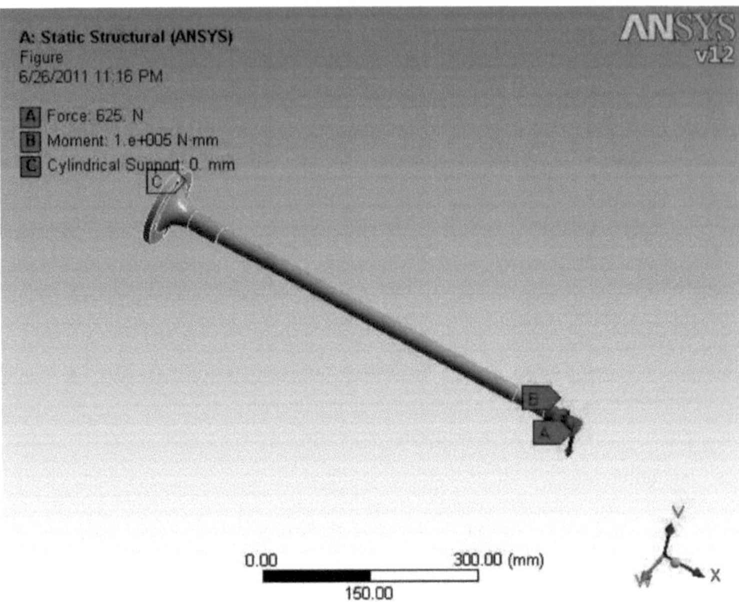

Figura 1.4 Momentos e restrições aplicados

O principal objetivo deste trabalho é realizar a análise de elementos finitos da articulação universal e do veio de transmissão utilizando ferramentas CAE, de modo a determinar a deformação total e a distribuição de tensões na articulação e no veio. O modelo CAD da articulação foi gerado no Solid Works. O modelo é depois guardado num ficheiro parasolid. Este ficheiro parasolid é depois importado para o ANSYS, e o veio de transmissão é gerado no ANSYS. Os contornos de deformação e tensão foram traçados. Os resultados são comparados com os resultados disponíveis na literatura. A otimização da forquilha e do veio de transmissão é realizada com vista a reduzir o peso e o custo.

CAPÍTULO 2

REVISÃO DA LITERATURA

Existe uma grande quantidade de literatura relacionada com a Análise de Elementos Finitos. A revisão da literatura aqui apresentada considera os principais desenvolvimentos na implementação da FEA.

H. Bayrakceken, S. Tasgetiren, I. Yavuz [1] analisaram dois casos de falha no sistema de transmissão de potência de veículos: uma junta universal e um veio de transmissão separadamente. Por vezes, devido a falhas de fabrico e de conceção, falhas de manutenção, falhas de matérias-primas, falhas de processamento de materiais, bem como falhas originadas pelo utilizador, vários componentes do sistema de transmissão de potência dos veículos deparam-se com falhas infelizes. Neste estudo, utilizando dois casos de falha por fadiga de componentes do sistema de transmissão de potência de automóveis de passageiros, é efectuada uma análise de tensões para determinar a distribuição de tensões na secção em falha de uma junta universal e de um veio de transmissão de um sistema de transmissão de potência de um automóvel, a fim de obter possíveis melhorias de conceção através da técnica de análise de elementos finitos.

N. K. Mandavgade, Vishal Rathi [2] efectuaram a análise estática da junta universal do TATA-407 utilizando ANSYS. Para a análise de elementos finitos do veio da hélice e da junta universal, foram utilizados elementos SOLID92-Tetraédricos para calcular as tensões de von-mises equivalentes.

G.K. Nanawarea, M.J. Pableb [3] realizaram um estudo sobre as falhas dos veios do eixo traseiro de 575 tractores DI, fabricados pela Mahindra and Mahindra Ltd, Trator Division, Mumbai. A maior parte das falhas dos veios (cerca de 80-85%) ocorre durante as operações de pudim. A partir da análise de elementos finitos e da análise teórica, o fator de segurança deve ser de 1,3. Para o conseguir, o diâmetro do círculo de passo da estria deveria ser aumentado em 5 mm, mas tal não era economicamente possível. A falha do veio do eixo traseiro deve-se principalmente à fadiga. A propagação da fenda começa devido a um raio de raiz da estria inadequado. Após a análise, o autor chegou à conclusão de que o valor ótimo do raio da raiz da estria deve ser utilizado em conjunto com a granalhagem da região da estria e a adição de boro ao material para aumentar a resistência à fadiga. Os veios do eixo traseiro falham na parte estriada. Foram encontradas fissuras na raiz das estrias. As causas da falha e as soluções foram discutidas neste documento.

D.H. Duffner [4] descreveu a falha por fadiga por torção de veios de transmissão de autocarros. Foi efectuada uma análise comparativa de tensões para investigar o efeito da variação geométrica observada na conceção do veio de transmissão. É investigado o mistério que envolve as elevadas taxas de falha dos veios de transmissão de uma frota de 40 autocarros articulados recentemente adquiridos por uma grande agência municipal de transportes. Os veios de transmissão foram fabricados em aço de baixo teor de carbono (0,45%), como o AISI 5046. É realizado um exame dos veios de transmissão em todos os 40 autocarros e são identificadas 6 concepções diferentes de veios de transmissão na frota, mas todas as falhas, 14 no total, estão limitadas a apenas uma das concepções identificadas. É realizado um exame microscópico da superfície de fratura de um dos veios de transmissão avariados num microscópio eletrónico de varrimento para determinar o modo de avaria. São encontradas evidências de fadiga de alto ciclo e é efectuada uma análise de elementos finitos para comparar a tensão máxima do modelo que apresenta falhas com o modelo mais comum dos outros modelos que não apresenta falhas. É efectuada uma previsão da vida à fadiga para determinar quanto mais longa é a vida à fadiga esperada do projeto sobrevivente em comparação com o projeto que sofreu as primeiras falhas. Os resultados de um veio de transmissão avariado fornecem provas de que o veio de transmissão avariado sofreu uma fissuração iniciada por fadiga, seguida de uma fratura final por sobrecarga, quando o material restante não tinha resistência suficiente para suportar o binário aplicado. Goksenli, I.B. Eryurek [5] descreveu a análise de avarias de um veio de transmissão de elevador.

Neste estudo é analisada a falha de um poço de acionamento de um elevador. Através da análise de tensões, são investigados os valores mínimos e máximos da tensão normal de corte que ocorrem na superfície da fratura durante o funcionamento. Devido ao comprimento demasiado longo do veio, apenas o rasgo de chaveta e a região de fratura são modelados e analisados. Inicialmente, determinam-se as forças e o binário que actuam no veio. Para examinar a distribuição de tensões na ranhura da chaveta e na superfície de fratura, foi aplicado o método dos elementos finitos. Após investigação visual da superfície de fratura, conclui-se que a fratura ocorreu devido a fadiga por flexão-torção. A fenda de fadiga iniciou-se na extremidade do rasgo de chaveta. Considerando o elevador e os sistemas de acionamento, são determinadas as forças e os binários que actuam no veio; são calculadas as tensões que ocorrem na superfície de rutura. A análise das tensões também é efectuada utilizando o método dos elementos finitos (MEF) e os resultados são comparados com os valores calculados. O limite de resistência e o fator de segurança à fadiga são calculados, a análise do ciclo de fadiga do veio é estimada. A razão da falha é investigada e conclui-se que a fratura ocorreu devido a uma conceção ou fabrico defeituosos do rasgo de chaveta (baixo raio de curvatura no canto do rasgo de chaveta, causando um efeito de entalhe elevado).

S. R. Hummel, C. Chassapis [6] apresentaram o projeto de configuração e a otimização de juntas universais. As juntas universais são utilizadas para ligar veios desalinhados que se intersectam. Transmitem o movimento de rotação de um veio para outro. A junta é constituída por jugos de entrada e saída e por um munhão transversal. O munhão transversal é constituído por um bloco e dois pinos. O pino grande atravessa o bloco e o pino pequeno atravessa o bloco e o pino grande. Nesta investigação, foi desenvolvida uma abordagem sistemática para a conceção e otimização da junta universal ideal. Foram derivadas as relações para conceber juntas universais com o diâmetro mínimo necessário para lidar com um determinado binário de entrada para um determinado ângulo da junta. As juntas universais que são projectadas utilizando a abordagem aqui apresentada garantem que não haverá interferência entre as várias partes do mecanismo quando em funcionamento.

H. Bayrakceken [7] apresentou a análise da falha de um veio do pinhão do diferencial de um automóvel. O diferencial é utilizado para diminuir a velocidade e aumentar o momento de transmissão do movimento proveniente do motor para as rodas, rodando-as de acordo com o ângulo adequado nos veículos e fazendo com que as rodas interiores e exteriores rodem de forma diferente. A engrenagem do pinhão e o eixo na entrada são fabricados como uma peça única, embora tenham formas diferentes consoante o tipo de automóvel. Os espelhos que trabalham com esta engrenagem devem ser conhecidos antes da montagem. Em caso de avaria, devem ser substituídas como um par. Geralmente, nestes sistemas, as engrenagens apresentam danos por desgaste. A engrenagem inspeccionada neste estudo apresenta danos sob a forma de fratura do veio. Neste estudo, é efectuada uma análise da falha do veio do pinhão do diferencial. Em primeiro lugar, são obtidas as características mecânicas do material. De seguida, são determinadas a microestrutura e as composições químicas. São efectuados alguns estudos fractográficos para avaliar as condições de fadiga e de fratura.

Scott Randall Hummela, Constantin Chassapisb [8] apresentaram o projeto de configuração e otimização de juntas universais com tolerâncias de fabrico. Este artigo descreve uma abordagem para a conceção e otimização de juntas de cardans com tolerâncias de fabrico. Foi desenvolvido um algoritmo de otimização e relações de interferência geométrica para obter parâmetros de junta que resultem num projeto de junta sem interferências, para uma dada especificação de tolerância. As relações foram desenvolvidas para garantir que não ocorram ligações entre os vários componentes do mecanismo. A metodologia de otimização aqui apresentada minimiza o diâmetro dos jugos da junta, assegurando simultaneamente que a resistência é adequada para suportar um determinado binário de entrada.

A. M. Heyes [9] efectuou um estudo sobre a avaria de componentes automóveis. A avaria de componentes de veículos é uma área que pode afetar toda a gente. Neste documento, discute-se a distribuição das falhas de componentes, bem como as suas causas. São apresentados quatro estudos de casos para dar uma ideia da metodologia de análise de avarias de componentes automóveis e das informações valiosas que podem ser obtidas com isso. Neste estudo de caso, um veio de transmissão de um veículo de tração dianteira foi submetido a exame após uma avaria. A secção do veio de transmissão recebida para análise encontrava-se partida perto do cubo da roda. Verificou-se que a fissuração por fadiga do veio de transmissão tinha começado devido a um arranhão na superfície.

X. B. Lin e R. A. Smith [10] descreveram a simulação do crescimento à fadiga de fendas em barras redondas entalhadas e não entalhadas. O crescimento de fendas à fadiga para várias fendas em barras redondas entalhadas e não entalhadas é modelado diretamente utilizando uma técnica numérica automatizada, que calcula os factores de intensidade de tensão num conjunto de pontos na frente de fenda através do método dos elementos finitos tridimensionais e, em seguida, aplica uma lei de crescimento de fendas à fadiga adequada a este conjunto de pontos para obter uma nova frente de fenda. Esta técnica também tem a capacidade de remalhamento automático para que a propagação da fenda possa ser convenientemente seguida. As geometrias de fenda modeladas no artigo incluem uma pequena fenda interna perto da fronteira livre e várias fendas superficiais inicialmente parcialmente elípticas ou irregulares numa barra redonda lisa sob tensão, uma fenda superficial em diferentes barras semicirculares entalhadas sob tensão e flexão, uma fenda superficial iniciada a partir da raiz de uma barra entalhada em V e uma configuração de fenda inicialmente dupla numa barra lisa sob tensão. São também reveladas algumas características de crescimento à fadiga relevantes para cada tipo de fendas. A técnica de simulação numérica passo a passo desenvolvida pelos autores demonstrou ser bem sucedida na previsão do crescimento à fadiga de várias fissuras que ocorrem normalmente em barras redondas lisas e entalhadas. É demonstrado que a análise do crescimento à fadiga de várias fissuras que ocorrem habitualmente em barras pode ser efectuada de forma fiável utilizando a técnica automatizada de elementos finitos proposta.

E. Makevet, I. Roman [11] efectuaram a análise de falhas de uma transmissão de transmissão final em veículos todo-o-terreno. Este é um estudo de caso sobre a análise de avarias de uma transmissão de transmissão final num veículo todo-o-terreno. A falha envolveu um eixo de montagem da engrenagem satélite que se separou do conjunto do diferencial em resultado da fratura de um pino de retenção. Uma investigação da condição mecânica de vários componentes da transmissão, que consistiu principalmente em inspeção visual (macroscópica), investigação geométrica e análise de cargas mecânicas, levou à atribuição de duas causas principais de falha. Em primeiro lugar, foi estabelecido que os pinos de retenção instalados no conjunto eram mais curtos do que o necessário, permitindo-lhes deslocar-se nos seus orifícios de guia e assumir uma posição de corte único. Em segundo lugar, nesta posição, foram carregados até à falha por forças de fricção anormalmente elevadas que actuavam na interface eixo/satélite. Estas cargas foram atribuídas ao uso e manuseamento severos do veículo. O âmbito deste estudo de caso é alargado para incluir uma análise dos incidentes de avaria que se seguiram em transmissões adicionais que continham pinos de retenção curtos. Inclui-se também uma descrição das medidas tomadas para resolver o problema do ponto de vista da manutenção e da fiabilidade.

V.R. Ranganath, G. Das, S. Tarafder, Swapan K. Das [12] efectuaram o estudo da falha de um veio de pinhão oscilante de uma linha de arrasto. Foram investigadas as causas da falha de um veio de pinhão oscilante de uma linha de arrasto para manuseamento de carvão. Juntamente com o veio avariado, foi também analisado um pequeno pedaço de material do dente de outro veio que cumpriu a vida útil projectada em serviço. A composição química e o tratamento térmico geral dos veios foram efectuados de acordo com as recomendações. A microestrutura de ambos os veios era bainítica temperada, o que é habitual neste tipo de veios de pinhão. As propriedades mecânicas satisfazem os requisitos para este tipo de aplicações. A investigação incluiu metalografia, microscopia eletrónica de varrimento (SEM), dureza e fractografia. A análise revelou que as fissuras de fadiga se iniciaram em vários locais ao longo do comprimento do dente e cresceram até uma profundidade considerável. Acredita-se que o endurecimento inadequado da superfície dos dentes do pinhão tenha tornado os dentes susceptíveis à falha por fadiga por flexão. Outros factores, como a lubrificação e as cargas de impacto nas raízes dos dentes, podem ter agravado a falha. No final, o autor concluiu que a causa da falha do eixo do pinhão se deve ao endurecimento não uniforme da superfície do dente, que resultou na redução da resistência à fadiga da raiz.

Com o aumento do desempenho e da fiabilidade dos produtos, é difícil seguir o procedimento tradicional de conceção iterativa. Para satisfazer as necessidades do mercado, é necessário dispor de uma capacidade computacional aliada à criatividade do ser humano. Vários cientistas e engenheiros efectuaram diferentes análises da articulação da forquilha e do veio de transmissão e tentaram otimizar o projeto de modo a reduzir as falhas da forquilha e do veio de transmissão. O método dos elementos finitos é um método numérico muito utilizado para resolver problemas estruturais, tanto na indústria como no meio académico. O método dos elementos finitos é um método simples, robusto e eficiente de obter uma solução numérica aproximada para um determinado modelo matemático de uma estrutura. medida que o desempenho dos produtos se torna mais importante e os projectos se tornam mais complexos, o método simples torna-se inadequado. Uma análise pormenorizada e um esforço de investigação significativo foram dedicados à investigação da análise estruturada da transmissão de potência. Foi feita uma tentativa de redesenhar a forquilha e o veio de transmissão para minimizar as tensões e a deformação da forquilha da junta universal e do veio de transmissão, de modo a obter um melhor desempenho da forquilha da junta e do veio de transmissão.

CAPÍTULO 3

INTRODUÇÃO ÀS FERRAMENTAS CAE

3.1 INTRODUÇÃO

As tecnologias assistidas por computador são termos gerais que descrevem a utilização da tecnologia informática para ajudar na conceção, análise e fabrico de produtos.

A engenharia assistida por computador é uma tecnologia de apoio aos engenheiros em tarefas como a análise, a simulação, a conceção, o fabrico, o planeamento, o diagnóstico e a reparação. As ferramentas de software desenvolvidas para dar apoio a estas actividades são consideradas ferramentas CAE. As ferramentas CAE estão a ser utilizadas, por exemplo, para analisar a robustez e o desempenho de componentes e conjuntos. Englobam a simulação, a validação e a otimização de produtos e ferramentas de fabrico. No futuro, os sistemas CAE serão os principais fornecedores de informação para apoiar as equipas de conceção na tomada de decisões.

A CAE engloba a aplicação de computadores desde a conceção preliminar (CAD) até à produção (CAM). O desenho assistido por computador, normalmente associado a aplicações de desenho computorizado, também inclui programas de aplicação tão diversos como os que calculam os empilhamentos dimensionais devido a tolerâncias, estudos ergonómicos com pessoas virtuais e otimização do desenho. A Análise Assistida por Computador inclui o método dos elementos finitos e das diferenças finitas para resolver as equações diferenciais parciais que regem a mecânica dos sólidos, a mecânica dos fluidos e a transferência de calor, mas também inclui diversos programas para análises especializadas, como a dinâmica de corpos rígidos e a modelação de sistemas de controlo.

O fabrico assistido por computador (CAM) inclui programas para gerar as instruções para a maquinagem controlada numericamente por computador (CNC), para a programação da produção e do processo e para o controlo do inventário. Recentemente, os fabricantes foram convidados a

Os fabricantes de produtos de construção concebem os seus produtos para eventual reciclagem, e este aspeto da engenharia será, sem dúvida, abrangido pelo conceito de CAE, mas ainda não tem o seu próprio acrónimo. Os estudos dizem que qualquer engenheiro de projeto pode poupar cerca de 30% do tempo e dos custos com as ferramentas CAE.

Domínios abrangidos pelas ferramentas CAE:

- Análises de tensões em componentes e conjuntos utilizando FEA (Finite Element Analyses)
- Análises térmicas e do fluxo de fluidos por dinâmica de fluidos computacional (CFD)
- Cinemática
- Simulação de eventos mecânicos (MES)
- Ferramentas de análise para a simulação de processos para operações como a fundição, a moldagem e a moldagem por pressão
- Otimização do produto ou do processo

Em geral, existem três fases em qualquer tarefa de engenharia assistida por computador:

- Pré-processamento - definição do modelo e dos factores ambientais a aplicar ao mesmo.
- Solucionador de análises
- Pós-processamento dos resultados.

3.2 DOMÍNIO DE APLICAÇÃO

- Aeroespacial
- Automóveis
- Conformação de metais
- Conformação de chapas metálicas
- Ensaio de queda
- Conceção de latas e contentores marítimos
- Conceção de componentes electrónicos
- Moldagem de vidro
- Plástico, moldes e sopro

- Biomédico
- Corte de metais
- Engenharia sísmica
- Análises de falhas
- Equipamentos desportivos
- Engenharia civil

3.3 CAE E GESTÃO DE PROCESSOS

As várias actividades que compõem a Engenharia Assistida por Computador são uma parte essencial do ciclo de conceção de produtos para acelerar o ciclo de conceção, para garantir que os produtos concebidos são de maior qualidade e para reduzir o custo do produto final. Em termos gerais, as tarefas que o projetista tem de realizar dividem-se em duas categorias: a primeira é a criação de modelos, enquanto a segunda abrange a comunicação e a interpretação dos resultados.

Independentemente da categoria, muitas das tarefas são fastidiosas, exigindo uma atenção considerável aos pormenores. Uma forma de melhorar um modelo é utilizar uma lista de verificação: as verificações de qualidade dos elementos são um excelente exemplo de listas de verificação. Mas suponhamos que, por descuido ou ignorância, a lista de controlo não foi aplicada. Pior ainda, suponhamos que o projetista se esqueceu de comunicar os pressupostos do modelo e que a violação desses pressupostos pode conduzir a um desastre: É evidente que o impacto potencial dos erros de CAE pode ser muito elevado.

Outras tecnologias assistidas por computador são

O termo **CAD/CAM** (conceção assistida por computador e fabrico assistido por computador) é também frequentemente utilizado no contexto de uma ferramenta de software que abrange várias funções de engenharia.

- Desenho de arquitetura assistido por computador **(CAAD)**
- Conceção e desenho assistidos por computador **(CADD)**
- Desenho assistido por computador **(CAD)**

- Conceção eléctrica e eletrónica assistida por computador **(ECAD)**
- Desenho industrial assistido por computador **(CAID)**
- Engenharia assistida por computador **(CAE)**

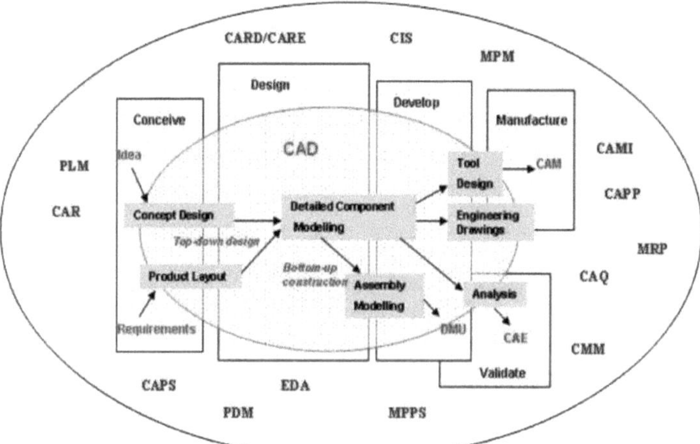

Fig. 3.1 Várias tecnologias assistidas por computador

- Engenharia baseada no conhecimento **(KBE)**
- Gestão de processos de fabrico **(MPM)**
- Planeamento do processo de fabrico **(MPP)**
- Planeamento dos recursos de produção **(MRP)**
- Gestão de dados do produto **(PDM)**
- Gestão do ciclo de vida dos produtos **(PLM)**
- Engenharia inversa **(ER)**

3.4 ANÁLISE ASSISTIDA POR COMPUTADOR (CAA)

A Análise Assistida por Computador (AAC) é uma técnica que permite efetuar a solução aproximada de um problema numérico. A análise assistida por computador inclui a análise de elementos finitos para resolver as equações diferenciais parciais que regem a mecânica dos sólidos, a mecânica dos fluidos e a transferência de calor, mas também inclui diversos programas para análises especializadas, como a dinâmica de corpos rígidos e a modelação de sistemas de controlo. Os dois métodos mais utilizados na análise assistida por computador são o método dos elementos finitos e o método das diferenças finitas. Os últimos são utilizados principalmente para problemas de Dinâmica de Fluidos Computacional (CFD), enquanto os primeiros são utilizados numa vasta gama de aplicações

3.5 Lista de software CAE disponível

Para efeitos de criação de modelos CAD e análise de elementos finitos, existem muitos pacotes de software disponíveis no mercado. A lista desses softwares e o nome da empresa que os fornece são apresentados no Quadro 3.1

Sr.no.	Software	Company
1.	Abaqus	Dassault System
2.	Abaqus Explicit	Dassault System
3.	Adams	MSC software Corporation
4.	Ansys	Ansys,Ins
5.	CASTFLOW	Walkingtone Engg, Inc
6.	CATIA	Dassault System
7.	CFX	Ansys,Ins
8.	FE-safe	Safe Technology Ltd

9.	Fluent	Ansys,Ins
10.	Unigraphics	UGS-SIEMENS
11.	Star-CD	CD-adapco
12.	Ls-dyna	Liver more software Tech. Group
13.	MATLAB	The Mathworks
14.	Motion-solve	Altair Engg. Inc.
15.	MSC Fatigue	MSC software Corporation
16.	MSC Nastran	MSC software Corporation
17.	NX-Ideas	SIEMENS-UGS
18.	NX-Nastran	SIEMENS-UGS
19.	Optistruct	Altair Engg. Inc.
20.	Pam crash	ESE Group
21.	Radioss	Altair Engg. Inc.
22.	Solid WORKS	3D Vision Technologies
23.	Batchmesher	Altair Engg. Inc.
24.	Hyperview Player	Altair Engg. Inc.
25.	HyperMesh	Altair Engg. Inc.

Tabela- 3.1 Empresas de software e seus fornecedores

De todos os softwares acima que utilizámos:

- CATIA V5 R 19
- OBRAS SÓLIDAS
- ANSYS-12 Workbench

3.6 CATIA

O CATIA (Computer Aided Three Dimensional Interactive Application) é um conjunto de software comercial multiplataforma. CAD/CAM/CAE multiplataformas desenvolvido pela empresa francesa Dassault Systems e comercializado em todo o mundo pelo IMB. Escrito na linguagem de programação C++, o CATIA é a pedra angular dos sistemas Dassault.

O software foi criado no final dos anos 70 e início dos anos 80 para desenvolver o caça Mirage da Dassault, mas foi posteriormente adotado nas indústrias aeroespacial, automóvel, naval e outras. Desde a sua criação em 1981, um sistema da Dassault tem ajudado os seus clientes industriais a maximizar a conceção e o desenvolvimento de produtos. Em 1984, a Boeing Company escolhe o CATIA como a sua principal ferramenta CAD 3D, tornando-se assim o seu maior cliente. Em 1998, foi lançada uma versão totalmente reescrita do CATIA, o CATIA V5, com suporte tanto para UNIX como para Windows.

Características e capacidades

Comummente designado por conjunto de software de gestão do ciclo de vida do produto 3D, o CATIA suporta várias fases do desenvolvimento do produto. As fases vão desde a concetualização, passando pelo design (CAD) e fabrico (CAM), até à análise (CAE).

A Boeing Company utilizou o CATIA V3 para desenvolver o seu avião 777 e está atualmente a utilizar o CATIA V5 para a série de aviões 787. Utilizaram toda a gama de produtos PLM 3D da Dassault Systems, composta por CATIA, DELMIA e ENOVIA, complementada por aplicações desenvolvidas pela Boeing. O gigante europeu do sector aeroespacial Airbus utiliza o CATIA desde 2001.

As empresas do sector automóvel que utilizam o CATIA em diferentes graus são a BWM, a Audi, a Volvo, a Fiat, a Benteler AG, a Toyota, a Honda, a Ford, a Scania, a Hyundai, a Proton, a Tata motors e a Mahindra. A Goodyear utiliza-o no fabrico de pneus para o sector automóvel e aeroespacial e também utiliza um CATIA personalizado para a sua conceção e desenvolvimento. O CATIA é muito bom na criação de superfícies e na representação computorizada de superfícies. As suas capacidades são aplicáveis a uma variedade de indústrias, como a aeroespacial, a maquinaria industrial automóvel, a eléctrica, a eletrónica, a construção naval, a conceção de instalações e os bens de consumo.

3.7 OBRAS SÓLIDAS

O Solid work é um conjunto de software comercial CAD/CAM/CAE multiplataforma desenvolvido pela empresa francesa Dassault systems e comercializado a nível mundial pelo IMB. Escrito na linguagem de programação C++, o Solid Work é desenvolvido pela empresa francesa Dassault Systems. O software foi criado em 1992 e foi subsequentemente adotado nas indústrias aeroespacial, automóvel, naval e outras. O Solid Work possui uma vasta gama de funcionalidades e capacidades para satisfazer o seu ciclo de conceção e desenvolvimento de produtos. Uma vez que o seu modelo tenha evoluído, é altura de produzir e de recorrer ao sourcing. Nesta fase, um sistema de fabrico e ERP gere o processo comercial diário, desde o controlo do inventário.

3.8 ANSYS -V12

ANSYS, desenvolvido pela ANSYS, Inc., EUA, é uma ferramenta dedicada à modelação e análise de elementos finitos assistida por computador. ANSYS é conhecido como o padrão no domínio da Engenharia Assistida por Computador. A Interface Gráfica do Utilizador (GUI) do ANSYS permite ao utilizador trabalhar com modelos tridimensionais (3D) e também gerar resultados a partir deles. É possível executar uma variedade de tarefas que vão desde a Análise de Elementos Finitos até à Análise de Otimização de Produtos completa utilizando o ANSYS.

Tipos de análise

Os seguintes tipos de análise podem ser efectuados no software ANSYS:

1. Análise estrutural
2. Análise térmica
3. Análise do fluxo de fluidos
4. Análise do campo eletromagnético
5. Análise de campo acoplada

Análise estrutural

Na análise estrutural, primeiro são calculados os graus de liberdade nodais (deslocamentos) e, em seguida, as tensões, deformações e forças de reação são calculadas a partir dos deslocamentos nodais.

Análise estática

Na análise estática, a carga ou as condições de campo não variam em relação ao tempo e, por conseguinte, assume-se que a carga ou as condições de campo são aplicadas gradualmente e não subitamente. O sistema em análise pode ser linear ou não linear. Os efeitos de inércia e de amortecimento são ignorados na análise estrutural. Na análise estrutural, as seguintes matrizes são resolvidas:

[K]x[X] = [F];

Onde,

K = Matriz de rigidez

X = Matriz de deslocamento

F = Matriz de carga

A equação acima é chamada de equação de equilíbrio de forças para o sistema linear. Se os elementos da matriz [K] forem uma função de [X], o sistema é conhecido como um sistema não linear. Os sistemas não lineares incluem grandes deformações, plasticidade, fluência, etc. Os carregamentos que podem ser aplicados numa análise estática incluem:

1. Forças e pressões aplicadas externamente
2. Forças de inércia em estado estacionário (como a gravidade ou a velocidade de rotação)
3. Deslocações impostas (não nulas)
4. Temperaturas (para tensão térmica)
5. Fluências (para o inchaço nuclear)

Os resultados que podem ser esperados do software FEA são

1. Deslocações
2. Estirpes
3. Tensões

Análise dinâmica

Na análise dinâmica, a carga ou as condições de campo variam com o tempo. O pressuposto aqui é que a carga ou as condições de campo são aplicadas subitamente. O sistema pode ser linear ou não linear. A carga dinâmica inclui cargas oscilantes, impactos, colisões e cargas aleatórias.

CAPÍTULO 4

CONCEPÇÃO E METODOLOGIA ASSISTIDA POR COMPUTADOR

4.1 CONCEPÇÃO ASSISTIDA POR COMPUTADOR

Os computadores são ferramentas sofisticadas que são utilizadas em todas as facetas da sociedade para proporcionar precisão, flexibilidade, economia de custos, eficiência, manutenção de registos e vasto armazenamento, ferramentas de tomada de decisões e modelação. A utilização de computadores para conceber modelos bidimensionais ou tridimensionais de objectos físicos é conhecida como desenho assistido por computador. O desenho assistido por computador é a utilização da tecnologia informática para ajudar na conceção e, especialmente, na elaboração de um objeto ou produto. Trata-se de um método de comunicação visual e baseado em símbolos, cujas convenções são próprias de um domínio técnico específico. Os projectistas de arquitetura, eletrónica, engenharia aeroespacial e automóvel, por exemplo, utilizam sistemas e programas informáticos de conceção assistida por computador para preparar desenhos e especificações que antes só podiam ser desenhados ou escritos à mão.

Antes do CAD, os fabricantes e projectistas tinham de construir protótipos de automóveis, edifícios, chips de computador e outros produtos antes de os protótipos poderem ser testados. A tecnologia CAD, no entanto, permite aos utilizadores produzir rapidamente um protótipo gerado por computador e, em seguida, testar e analisar o protótipo sob uma variedade de condições simuladas. Os actuais pacotes de software CAD vão desde o sistema de desenho vetorial 2D até aos modeladores 3D de sólidos e superfícies. Os pacotes de CAD modernos também permitem frequentemente rotações em três dimensões, permitindo a visualização de um objeto concebido a partir de qualquer ângulo, mesmo do interior para o exterior. Os fabricantes e os designers também utilizam a tecnologia CAD para estudar problemas de otimização, desempenho e fiabilidade em protótipos e em projectos já existentes. O desenho pode ser modificado e melhorado até se obterem os resultados desejados. O CAD é muito útil para a criação de protótipos porque permite que os designers vejam os problemas antes de investirem tempo e dinheiro num produto real. O desenho assistido por computador (CAD) é uma forma de automatização que ajuda os desenhadores a preparar desenhos, especificações, listas de peças e outros elementos relacionados com o desenho, utilizando um programa informático especial com grande intensidade de gráficos e cálculos. Embora, inicialmente, os sistemas CAD se limitassem a automatizar o desenho, atualmente incluem normalmente a modelação tridimensional e o funcionamento do modelo simulado por computador. Em vez de ter de construir protótipos e alterar componentes para determinar o efeito da gama de tolerância, podemos utilizar o computador para simular o funcionamento para determinar cargas e tensões. Por exemplo, um fabricante de automóveis pode utilizar o CAD para calcular a resistência ao vento em vários novos modelos de carroçaria sem ter de construir modelos físicos de cada um deles.

4.1.1 FUNDAMENTOS DOS SISTEMAS CAD

As representações e desenhos arquitectónicos podem ser modelados em computadores como tarefas de pesquisa, seleção e computação. A tarefa de pesquisa é representada como conjuntos de variáveis com valores aceitáveis. O software de desenho selecciona alternativas usando um processo de gerar e testar. A conceção também assume a forma de otimização. Nestes casos, são impostos limites estruturais rígidos dentro de um espaço de conceção estreito. Os cálculos são efectuados para prever o desempenho e redesenhar as soluções possíveis. A pesquisa, a seleção e a otimização são iterativas, mas a compilação não. A compilação utiliza algoritmos programados para traduzir as facetas de um problema em linguagem de máquina e chegar a uma solução viável.

As funções numéricas que são a base dos modelos matemáticos estão no centro das tarefas de CAD. Os modelos matemáticos definem os blocos de construção básicos dos modelos 3-D. Pontos, curvas e linhas são apenas alguns dos elementos predefinidos que são manipulados geometricamente nos sistemas CAD. Os pontos são normalmente representados por dois ou três valores, dependendo se está a ser utilizado um modelo 2-D ou 3-D. As curvas são entidades unidimensionais que ligam suavemente componentes em movimento. O componente é feito para ser preenchido, extrudido ou varrido de acordo com a espessura do componente. Utilize as funcionalidades de preparação para finalizar o modelo cad.

4.1.2 TECNOLOGIAS DE SOFTWARE

Originalmente, o software para o sistema CAD era desenvolvido em linguagem informática, como o FORTRON, mas com o avanço dos métodos de programação orientados para os objectos, esta situação mudou radicalmente. Um sistema CAD pode ser visto como construído a partir da interação de uma interface gráfica do utilizador (GUI) com a geometria NURBS e/ou dados de representação de limites (B-rep) através de um núcleo de modelação geométrica. Pode também ser utilizado um motor de restrições geométricas para gerir a relação associativa entre geometrias, como a geometria de estrutura de arame num esboço ou componentes numa montagem.
As capacidades inesperadas destas relações associativas conduziram a uma nova forma de prototipagem, a prototipagem digital. Em contraste com os protótipos físicos, que implicam tempo de fabrico e custos de material, os protótipos digitais permitem a verificação e o teste do design no ecrã, acelerando o tempo de chegada ao mercado e diminuindo os custos.

4.1.3 ANTECEDENTES HISTÓRICOS

Há muito que os projectistas utilizam os computadores para os seus cálculos. Os primeiros desenvolvimentos foram efectuados na década de 1960 nas indústrias aeronáutica e automóvel na área da construção de superfícies 3D e da programação NC, na sua maioria independentes uns dos outros e muitas vezes só publicados muito mais tarde. No entanto, os trabalhos mais importantes sobre curvas polinomiais e superfícies esculpidas foram provavelmente realizados por Pierre Bezier (Renault), Paul de Casteljau (Citroën), Steven Anson Coons (MIT, FORD), James Fergusan (Boeing), Carl De Boor (GM), Birkhoff (GM) e Garibedian (GM), na década de 1960, e por W. Gordan (GM) e R. Riesenfeld na década de 1970.

Os principais produtos de 1981 foram os pacotes de modelação de sólidos - Romulus (Shape data) e

Unisolid (Unigraphics) baseados em PADL-2 e o lançamento do modelador de superfícies CATIA (sistemas Dassault). A Autodesk foi fundada em 1982 por John Walker, o que deu origem ao sistema 2D Auto Cad. O marco seguinte foi o lançamento do Pro-Engineer em 1988, que anunciou uma maior utilização de métodos de modelação baseados em características e a ligação paramétrica dos parâmetros das características. Também importante para o desenvolvimento do CAD foi o desenvolvimento dos núcleos de modelação B-rep no final dos anos 80 e início dos anos 90, ambos inspirados no trabalho de Ian Braid. Isto levou ao lançamento de pacotes de gama média como o Solid Works em 1999, o Solid Edge (Intergraph) em 1996, o Iron CAD em 1998 e o Autodesk Inventor em 1999. Atualmente, o CAD é uma das principais ferramentas utilizadas na conceção de produtos e na arquitetura, bem como no domínio da engenharia, devido às tecnologias de ponta que foram lançadas nos últimos anos.

4.1.4 DIRECÇÃO FUTURA DO CAD

A Realidade Virtual (RV) é uma ferramenta de visualização 3-D utilizada para construir edifícios, manipular objectos em tempo real e construir protótipos. É provável que certas características da realidade virtual apareçam em futuros pacotes CAD, assim que forem desenvolvidas normas e protocolos. Este cenário é desejável para reduzir a duplicidade envolvida na transferência de dados geométricos entre o CAD e o sistema de RV.

O desenvolvimento futuro do sistema CAD poderá também produzir sistemas mais sofisticados para a construção de formas complexas e irregulares. Este desenvolvimento, juntamente com a prototipagem rápida, a combinação de técnicas de visualização de RV e a inteligência artificial (IA), poderá tornar os sistemas CAD mais reactivos e ferramentas de desenvolvimento mais poderosas em ambientes de fabrico, conceção e engenharia.

Outros avanços na tecnologia CAD podem envolver bibliotecas de desenho partilháveis baseadas na Web e a utilização generalizada de abordagens baseadas em agentes, o sistema informático funcionaria como um parceiro com conhecimentos que trabalharia em colaboração para resolver problemas e resolver preocupações. O agente seria um tipo de base de conhecimentos que armazenaria informações e modelaria as actividades de planeamento e integração.

A aplicação de IA distribuída pode ser o principal objetivo da próxima geração de ferramentas CAD devido à sua capacidade de codificar e representar estruturas de conhecimento. Estes sistemas complexos têm a capacidade de "aprender" ou alterar os seus conjuntos de regras com base em inconsistências, imprecisões e dados incompletos. A aplicação da aprendizagem às aplicações CAD pode ajudar a reduzir os problemas de planeamento e de mau funcionamento do sistema devido à introdução de dados imprecisos e incorrectos.

4.1.5 CAPACIDADES

As capacidades dos sistemas CAD modernos incluem:

- Armação de arame Criação de geometria
- Modelação paramétrica 3D baseada em características, modelação de sólidos
- Modelação de superfícies de forma livre
- Conceção automatizada de subconjuntos e montagem
- Criar desenhos de engenharia a partir dos modelos sólidos
- Facilidade de modificação da conceção do modelo
- Geração automática de componentes padrão do projeto
- Validação dos projectos em relação às especificações e regras de conceção
- Simulação de projectos sem construção de um protótipo físico
- Desenhos de fabrico e listas de materiais
- Importação/exportação ou intercâmbio de dados com outros pacotes de software
- Saída de dados de conceção diretamente para as instalações de fabrico
- Prototipagem rápida de máquina para protótipos industriais

- Manter bibliotecas de peças e montagens
- Calcular as propriedades de massa de peças e conjuntos
- Ajuda à visualização com sombreamento, rotação, remoção de linhas ocultas, etc
- Controlo cinemático, de interferências e de folgas de conjuntos.
- Chapas metálicas
- Encaminhamento da casa/cabo
- Embalagem de componentes eléctricos
- Inclusão de código de programação num modelo para controlar e relacionar os atributos desejados do modelo
- Estudos de conceção programável e otimização

4.1.6 UTILIZAÇÕES

O CAD é utilizado para conceber, desenvolver e otimizar produtos, que podem ser bens utilizados pelo consumidor final ou bens intermédios utilizados noutros produtos. O CAD é também amplamente utilizado na conceção de ferramentas e máquinas utilizadas no fabrico de componentes, e na elaboração e conceção de todos os tipos de edifícios, desde os pequenos tipos residenciais (casas) até às maiores estruturas comerciais e industriais (hospitais e fábricas).

O CAD destina-se principalmente à engenharia de pormenor de modelos 3D e/ou desenhos 2D de componentes físicos, mas também é utilizado ao longo de todo o processo de engenharia, desde a conceção e disposição dos produtos, passando pela análise da resistência e da dinâmica dos conjuntos, até à definição dos métodos de fabrico dos componentes.

O CAD tornou-se uma tecnologia especialmente importante, no âmbito das tecnologias assistidas por computador, com vantagens como a redução dos custos de desenvolvimento de produtos e um ciclo de conceção muito mais curto. O CAD permite que os desenhadores criem esquemas e desenvolvam trabalhos no ecrã, imprimam-nos e guardem-nos para futura edição, poupando tempo nos seus desenhos.

4.1.7 DOMÍNIO DE APLICAÇÃO

A indústria da arquitetura, engenharia e construção (AEC)

- Arquitetura
- Engenharia Arquitetónica
- Design de interiores
- Arquitetura de interiores
- Engenharia de construção
- Engenharia Civil e Infra-estruturas
- Construção
- Estradas e auto-estradas
- Caminhos-de-ferro e túneis
- Abastecimento de água e engenharia hidráulica
- Sistema de drenagem de águas pluviais, águas residuais e esgotos
- Cartografia e topografia

Conceção das instalações

- Layout da fábrica
- Aquecimento, Ventilação e Ar Condicionado (AVAC)

Engenharia mecânica (MCAD)

- Veículos automóveis
- Aeroespacial
- Bens de consumo
- Maquinaria
- Construção naval

CAPÍTULO 5

ANÁLISE DE ELEMENTOS FINITOS (FEA/FEM)

5. 1 INTRODUÇÃO

O método dos elementos finitos é um método numérico para resolver problemas de engenharia e de física matemática. A utilização típica deste método é a resolução de problemas no domínio da análise de tensões, da transferência de calor, do fluxo de fluidos, da transferência de massa e da electromagnética. Este método é capaz de resolver problemas físicos que envolvem geometrias complicadas, cargas e propriedades dos materiais que não podem ser resolvidos por métodos analíticos. Neste método, o domínio em que a análise deve ser efectuada é dividido em corpos ou unidades mais pequenos, designados por elementos finitos.

As propriedades de cada tipo de elemento finito são obtidas e reunidas e resolvidas como um todo para obter a solução. Com base na aplicação, os problemas são classificados em problemas estruturais e não estruturais. Na análise de elementos finitos (ou noutra análise numérica), o desenvolvimento de estruturas deve basear-se apenas em cálculos manuais. No caso de estruturas complexas, as hipóteses simplificadoras necessárias para tornar possíveis quaisquer cálculos podem conduzir a um projeto conservador e pesado. Um fator considerável de ignorância pode permanecer quanto à adequação da estrutura a todas as cargas de projeto. Nos problemas estruturais, obtém-se o deslocamento em cada ponto nodal. Utilizando estas soluções de deslocamento, são determinadas as tensões e deformações em cada elemento.

Do mesmo modo, nos problemas não estruturais, obtém-se uma temperatura ou uma propriedade do fluido em cada ponto nodal. Utilizando estes valores nodais, são determinadas propriedades como o fluxo de calor, o fluxo de fluido, etc., para cada elemento. Uma vez que é necessário efetuar grandes cálculos, este método requer uma instalação de computação de alta velocidade com grande memória. O método dos elementos finitos (MEF) e a análise dos elementos finitos (AEF) são ambos um só termo. Mas o termo

O FEA é mais popular nas indústrias, enquanto o FEM é famoso nas universidades.

5.2 BREVE HISTÓRICO

O método dos elementos finitos utilizado atualmente foi desenvolvido até ao seu estado atual muito recentemente. De acordo com Zinckiewicz, o desenvolvimento ocorreu ao longo de dois caminhos principais, um em matemática e outro em engenharia; algures entre estes dois caminhos estão os métodos variacional e residual ponderado. Ambos requerem funções experimentais para efetuar uma solução. A utilização destas funções de dados remonta a quase 250 anos. Estas funções de teste são assumidas com base na intuição física e são aplicadas globalmente para obter a solução para o problema. A utilização de funções experimentais não é considerada como um desenvolvimento no domínio da matemática pura nem no domínio da engenharia.

Num trabalho de Gauss, em 1795, foram utilizadas funções experimentais no que atualmente se designa por método dos resíduos ponderados. Mais tarde, Rayleigh utilizou estas funções no método variacional em 1870 e Ritz em 1909. Num artigo de referência em 1915, Galerkin introduziu um tipo particular de método dos resíduos ponderados que é designado pelo seu nome de "método dos resíduos ponderados de Galerkin".

Em 1943, Courant introduziu funções experimentais por partes que são atualmente designadas por funções de forma. Estas funções de forma são aplicadas numa região mais pequena (ou seja, ao nível do elemento) em vez de serem aplicadas globalmente, o que lhe permitiu resolver os problemas do mundo real. No início da década de 1940, os engenheiros aeronáuticos estavam a desenvolver e a utilizar um método de análise denominado método da matriz de forças, que é reconhecido como a forma inicial do método dos elementos finitos. Neste método, as incógnitas nodais são as forças e não os deslocamentos. Quando as deslocações de cada nó são consideradas desconhecidas, o método é designado por "Método St".

Num artigo de 1960, Clough introduziu pela primeira vez o termo "elemento finito". Em 1965,

Zinekiwicz e Cheung aplicaram o MEF para resolver problemas não estruturais. Szabo & Leo mostraram como o método dos resíduos ponderados, nomeadamente o método de Galerkin, podia ser utilizado na análise de problemas não estruturais. No entanto, o atual MEF não tem as suas raízes em nenhuma disciplina. Os matemáticos estão a tentar melhorar a base matemática do MEF, enquanto os engenheiros estão interessados nas aplicações em que o MEF pode ser utilizado. Na maioria dos ramos da engenharia, estes desenvolvimentos tornaram o MEF num dos mais poderosos métodos de solução numérica.

5.3 MÉTODO DOS ELEMENTOS FINITOS (FEM)

O método dos elementos finitos (MEF) simula o comportamento de uma peça física ou de um conjunto, dividindo a geometria da peça num certo número de elementos de formas normalizadas, aplicando cargas e restrições e calculando depois as variáveis de interesse - deformação, tensões, temperatura, pressões, etc. O comportamento de um elemento individual é normalmente descrito por um conjunto de equações relativamente simples. Tal como o conjunto de elementos seria unido para construir toda a estrutura, as equações que descrevem os comportamentos dos elementos individuais são unidas num conjunto de equações que descrevem os comportamentos de toda a estrutura.

FEM é

- Um método numérico
- Representação matemática do problema real
- Método aproximado

A definição de MEF está oculta no próprio mundo. O tema básico é efetuar o cálculo apenas num número limitado de pontos e depois interpolar o resultado para todo o domínio (superfície e volume).

Finito - qualquer objeto contínuo tem um grau de liberdade finito e não é possível resolver neste formato. O método dos elementos finitos reduz o grau de liberdade de infinito para finito com a ajuda da discretização, ou seja, (nós e elementos).

Elemento - todos os cálculos são efectuados num número limitado de pontos conhecidos como nós. A entidade que une os nós e forma uma forma específica, como um quadrilátero ou um triângulo, etc., é designada por elemento. Para obter o valor da variável (por exemplo, deslocamento) num ponto entre os pontos de cálculo, é utilizada a função de interpolação (de acordo com a forma do elemento).

Método - Existem três métodos para resolver qualquer problema de engenharia. A Análise de Elementos Finitos pertence à categoria dos métodos numéricos.

Um programa de elementos finitos pega nos elementos que definiu, lista as equações para cada valor desconhecido, junta-as como uma equação matricial e, em seguida, resolve tudo isto para os valores dos parâmetros desconhecidos.

A equação de equilíbrio é da forma:

$$[K] \times [X] = [F]$$

Uma vez que é análoga às equações de deflexão da mola, **K** é frequentemente designada por matriz de rigidez, **X** é designada por matriz de deformação e **F** é designada por matriz de carga. K é uma matriz quadrada, com uma linha e uma coluna para cada variável desconhecida na definição do problema. Se existirem 100 nós num modelo e cada nó tiver 6 incógnitas, então a matriz de rigidez será 600x600. X e F são matrizes-coluna, cada uma com 1 coluna e 600 linhas.

5.4 PROCEDIMENTO DE FEM

Os passos seguintes resumem o procedimento de elementos finitos:

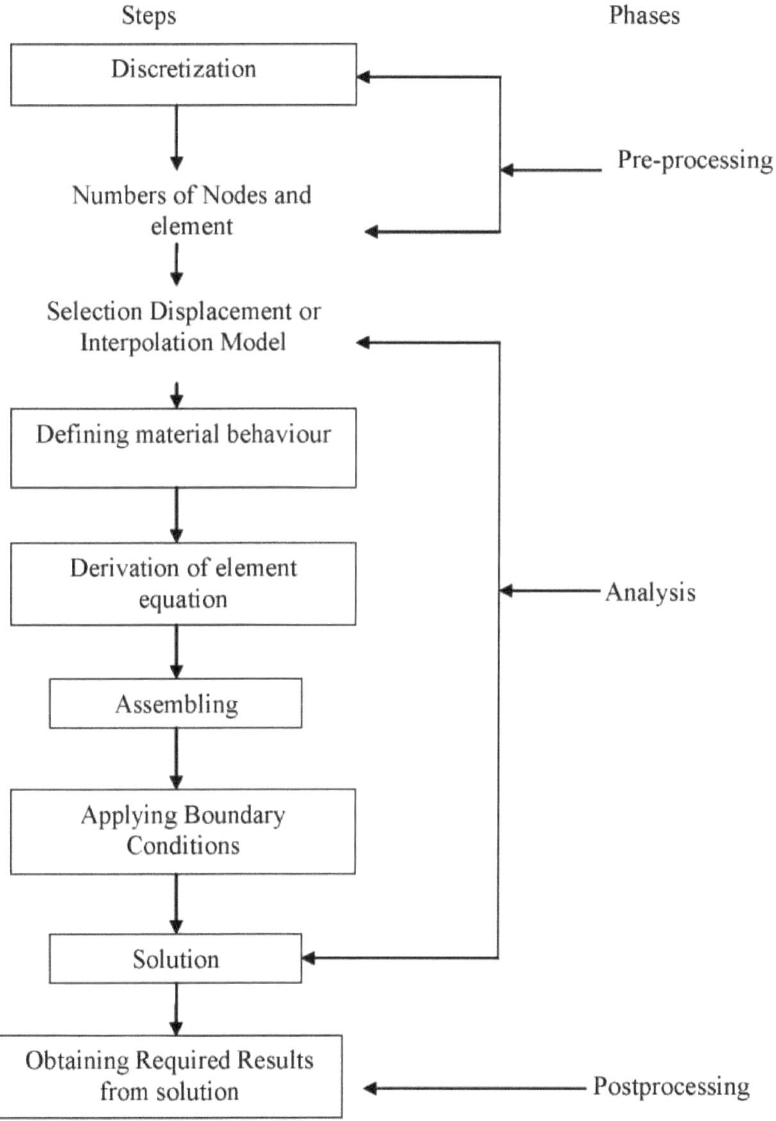

Fig - 5.1 Procedimento do MEF

5.5 FEM PRÁTICA ATRAVÉS DE PROGRAMAS INFORMÁTICOS/FERRAMENTAS FEA

No software FEA, o processo geral do método dos elementos finitos divide-se em três fases principais: pré-processamento, solução e pós-processamento. Existem muitos softwares utilizados para estas três fases. Por exemplo, no Altair Hyper works 9.0, o Hyper mesh 9.0, que é uma das melhores ferramentas de pré-processamento, é utilizado como pré-processador e o Otpsitruct/RADIOSS é utilizado como solucionador e, depois da solução, o Hyper mesh e o Hyper View são utilizados para o pós-processamento.

Da mesma forma, para a solução no MSC Nastran, o MSC Patran é utilizado como pré-processador e pós-processador. No Femap com Nx Nastran, o Femap é utilizado como pré-processador e pós-processador e o Nx Nastran é utilizado como Solver.

- Pré-processamento

O pré-processamento é um programa que processa os dados de entrada para produzir a saída que é usada como entrada para a fase subsequente (solução). A seguir estão os dados de entrada que precisam ser fornecidos ao pré-processador: 1. Tipo de análise (estrutural ou térmica, estática ou dinâmica, e linear ou não linear) 2. Tipo de elemento.

3. Restrições reais.
4. Propriedades do material.
5. Modelo geométrico.
6. Modelo em malha.
7. Cargas e condições de fronteira.

Os dados de entrada serão pré-processados para os dados de saída e o pré-processador gerará os ficheiros de dados automaticamente com a ajuda dos utilizadores. Estes ficheiros de dados serão utilizados na fase seguinte.

- **Solução**

A fase de solução é completamente automática. O software FEA gera as matrizes dos elementos, calcula os valores nodais e as derivadas e armazena os dados dos resultados em ficheiros. Estes ficheiros são utilizados pela fase subsequente (pós-processador) para rever e analisar os resultados através da visualização gráfica e de listas tabulares.

- **Pós-processamento**

A saída da fase de solução (ficheiros de dados de resultados) está na forma numérica e consiste em valores nodais da variável de campo e suas derivadas. Por exemplo, na análise estrutural, a saída é o deslocamento nodal e a tensão nos elementos. O pós-processador processa os dados de resultados e apresenta-os sob a forma de gráficos para verificar ou analisar o resultado. A saída gráfica fornece informações pormenorizadas sobre os dados de resultados necessários. A fase de pós-processamento é automática e gera a saída gráfica na forma especificada pelo utilizador. O Result Viewer e o Plot Result são utilizados para o pós-processamento neste problema.

5.6 PRINCIPAIS PRESSUPOSTOS DO FEA

Existem quatro pressupostos básicos que afectam a qualidade da solução e que devem ser considerados na análise de elementos finitos. Estes pressupostos não são exaustivos, mas abrangem uma grande variedade de situações aplicáveis ao problema. Para além disso, nem todos os pressupostos seguintes se aplicam a todas as situações. Por isso, certifique-se de que utiliza apenas os pressupostos que se aplicam à análise em causa.

- Pressupostos relacionados com a geometria

1. Os valores de deslocamento serão pequenos para que uma solução linear seja válida.
2. O comportamento das tensões fora da área de interesse não é importante, pelo que as simplificações geométricas nessas áreas não afectarão o resultado.
3. Apenas os filetes internos na área de interesse serão incluídos na solução.
4. O comportamento local nos cantos, juntas e intersecções de geometrias é de interesse primário; por conseguinte, não é necessária qualquer modelação especial destas áreas.
5. As características externas decorativas serão consideradas insignificantes para a rigidez e o desempenho da peça e serão omitidas do modelo.
6. A variação da massa devida às características suprimidas é negligenciável.

- Pressupostos relacionados com as propriedades dos materiais

1. As propriedades do material permanecerão na região linear e o comportamento não linear da propriedade do material não pode ser aceite. Por exemplo, entende-se que os níveis de tensão que excedem o ponto de escoamento ou o deslocamento excessivo causarão a falha de um componente.

2. As propriedades do material não são afectadas pela taxa de carga.

3. O componente está isento de imperfeições superficiais que podem originar tensões.

4. Todas as simulações são efectuadas à temperatura ambiente, salvo indicação em contrário.

5. Os efeitos da humidade relativa ou da absorção de água no material utilizado serão negligenciados.

6. Não será feita qualquer compensação para ter em conta o efeito de produtos químicos, corrosivos, desgaste ou outros factores que possam ter um impacto na integridade estrutural a longo prazo.

- Pressupostos relacionados com as condições de fronteira

1. Os deslocamentos serão pequenos para que a magnitude, a orientação e a distribuição da carga permaneçam constantes ao longo do processo de deformação.

2. Considera-se que a perda por atrito no sistema é negligenciável.

3. Todos os componentes de interface serão considerados rígidos.

4. A parte da estrutura que está a ser estudada é assumida como uma parte separada do resto do sistema, de modo a que qualquer reação ou entrada das características adjacentes seja negligenciada.

5.7 FONTES DE ERROS NO FEA

1. O modelo contém falhas fundamentais: as partes não estão ligadas ou os pormenores são inadequados.

2. O modelo pode não representar corretamente a estrutura tal como foi construída ou registada nos desenhos de engenharia.

3. As cargas ou as condições de fronteira podem não ser corretamente representadas.

4. Não consideração da necessidade de um determinado tipo de análise.

5. Experiência do analista inadequada para a tarefa em causa e erros inadequados na aplicação dos códigos de projeto.

6. O computador é demasiado pequeno e lento para utilizar malhas finas, efetuar análises não lineares e rever os resultados com suficiente pormenor.

5.8 VANTAGENS E DESVANTAGENS DO FEA

Vantagens do MEF:

1. As geometrias irregulares podem ser modeladas com maior precisão e facilidade.
2. A implementação de qualquer tipo de condições de fronteira é muito fácil.
3. Com muito pouco esforço, é possível modelar materiais heterogéneos e anisotrópicos.
4. Qualquer tipo de carregamento pode ser tratado.
5. As dimensões dos elementos podem ser variadas ao longo do modelo, sempre que necessário. Podemos utilizar malhas finas.
6. Quer o problema seja linear ou não linear, os princípios básicos (ou seja, os passos seguidos/implementados) da FEA permanecem os mesmos.
7. A alteração do modelo de elementos com diferentes cargas, condições de fronteira e outras alterações no modelo pode ser efectuada facilmente.

Desvantagens:

1. Os softwares FEA são mais caros.
2. O resultado de saída varia consideravelmente quando o corpo é modelado com uma malha fina em comparação com o corpo modelado com uma malha de curso.
3. Antes de utilizar um elemento para um problema, devemos conhecer as suas capacidades e natureza, porque não existe um único elemento para todas as aplicações.
4. Embora os softwares de FEA sejam de fácil utilização, não são relativamente fáceis de utilizar.

5.9 APLICAÇÕES DO FEA

O FEA pode ser utilizado para analisar problemas estruturais e não estruturais.

(a) Tipos de problemas estruturais.

(i) Análise de tensões

a) . Análise Linear

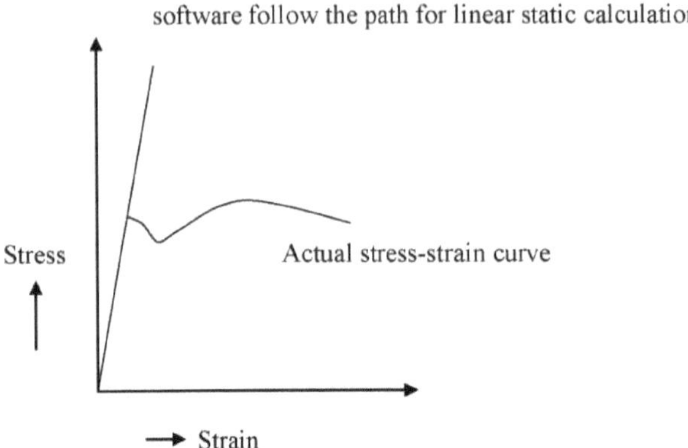

Fig 5.2 Análise Linear

Exemplo: Análise Linear: - Placa com furo sujeita a cargas no plano.

Softwares mais utilizados: Nastran, Ansys, Abaqus, I-deas NX, Radios, Cosmos, UG, Pro-Mechanica, CATIA, etc.

b). Non-linear analysis

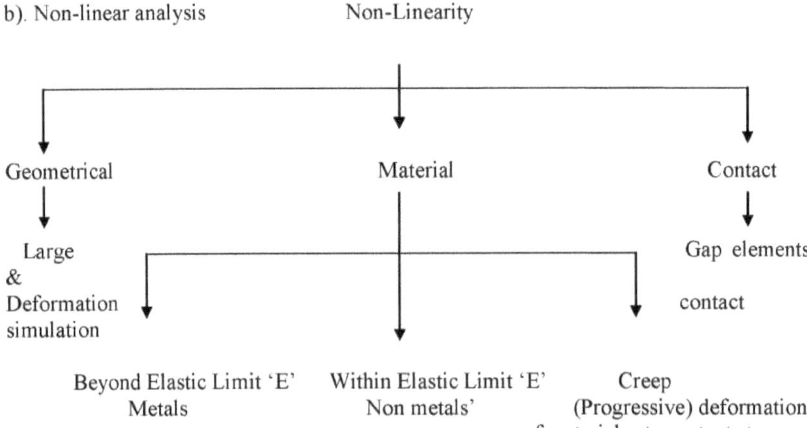

Fig. 5.3 Análise de não linearidade

Não linearidade do material - Os elementos da máquina estão sujeitos a tensões superiores ao limite elástico.

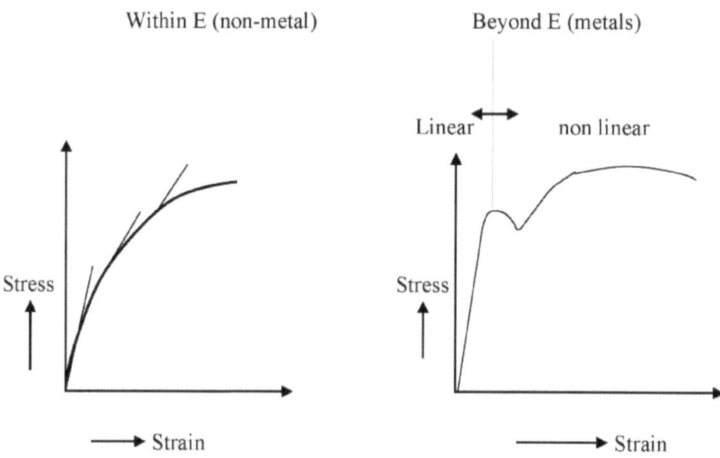

Fig 5.4 Não-linearidade do material

Não linearidade geométrica: - A estrutura de casca fina é sujeita a cargas axiais ou de tração. Embora o componente esteja dentro do limite elástico, devido ao seu comprimento muito grande, mesmo uma pequena força provoca uma grande deformação. Não linearidade material e geométrica: - As estruturas de casca fina são sujeitas a cargas mecânicas com efeito de fluência a alta temperatura. Software comummente utilizado: Abaqus, Nastran, Ansys, Marc, Radios, LS Dyna etc

(ii) Análise de encurvadura autónoma: Exemplo: Biela sujeita a compressão axial. Esta análise pode ser utilizada para determinar a forma modal da carga de encurvadura e as suas cargas críticas. Software comummente utilizado: Nastran, Ansys, Abaqus, etc.

(iii) Análise dinâmica:

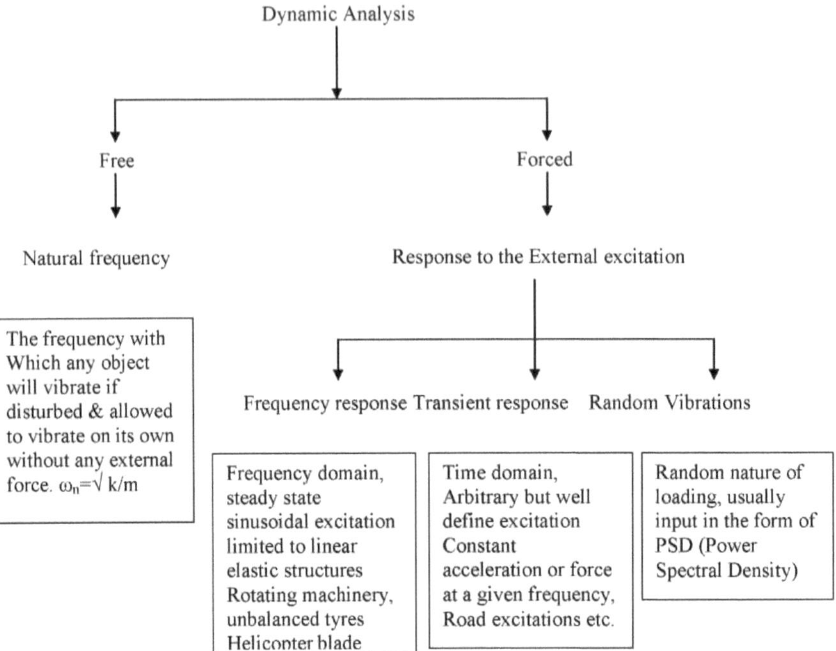

Fig 5.5 Tipos de análise dinâmica

Exemplo: Vigas sujeitas a diferentes tipos de carregamento. Esta análise pode ser utilizada para determinar a forma modal da vibração com as suas frequências naturais.

Softwares mais utilizados: Nastran, Ansys, Abaqus, Matlab, I-deas NX, Radios, etc.

(b) Tipos de problemas não estruturais

(i) Análise de transferência de calor:

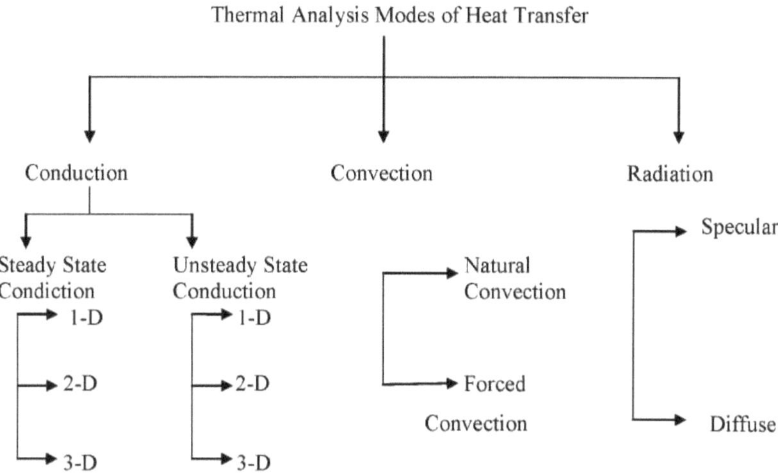

Fig 5.6 Modos de análise da transferência de calor

Linear: - Análise térmica em estado estacionário de uma parede composta.

Não-linear:- Análise térmica com materiais anisotrópicos.

O problema da transferência de calor pode ainda ser classificado como estado estacionário (independente do tempo) e

Transitório (dependente do tempo)

Aplicações práticas: Motor, radiador, sistema de escape, permutadores de calor, centrais eléctricas, conceção de satélites, etc. Softwares mais utilizados: Ansys, Nastran, Abaqus, I-deas NX, etc.

(ii) Análise do fluxo de fluidos:

A Dinâmica dos Fluidos Computacional (CFD) é um ramo da mecânica dos fluidos que utiliza Métodos numéricos para analisar problemas de dinâmica de fluidos. Baseia-se na equação de Navies-Strokes (equações de conservação de massa, momento e energia).

Exemplo: Escoamento de fluidos através de tubos ou canais.

(iii) Análise electromagnética:

Exemplo: Modelação do campo eletromagnético do motor.

Recentemente, o MEF é utilizado no domínio da engenharia biomecânica. Por exemplo, a análise de tensões em partes humanas como ossos, articulações, crânio, dentes, etc.

(iv) Análise de fadiga

Cálculos para a vida da estrutura quando sujeita a cargas repetitivas.

A curva S-N (tensão alternada vs. ciclos) ou E-N (deformação alternada vs. inversões) é a base para os cálculos de fadiga (como um diagrama - E para análise estática).

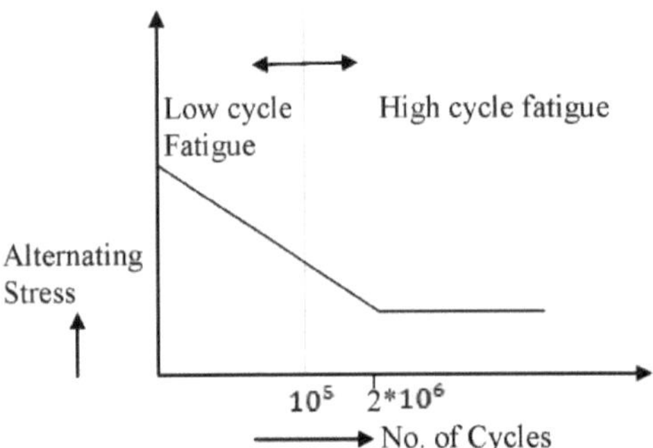

Fig 5.7 - Curva S N para análise de fadiga

CAPÍTULO 6

METODOLOGIA DE MODELAÇÃO FE

Existem três etapas na análise de elementos finitos baseada em software

1) Pré-processamento
2) Solução
3) Processamento posterior

6.1 Metodologia de modelação de EF

Pré-processamento - A primeira etapa do pré-processamento consiste em preparar um modelo CAD da forquilha de articulação em trabalho sólido. No nosso trabalho atual, reduzimos a espessura das pontas em 1 mm em relação ao desenho existente. O modelo CAD da forquilha completa é gerado utilizando o software Solid work. As figuras 6.1 e 6.2 mostram o desenho 2-D da forquilha e do veio de transmissão, respetivamente. O modelo CAD da forquilha de articulação foi criado no Solid work, como mostra a fig. 6.3.

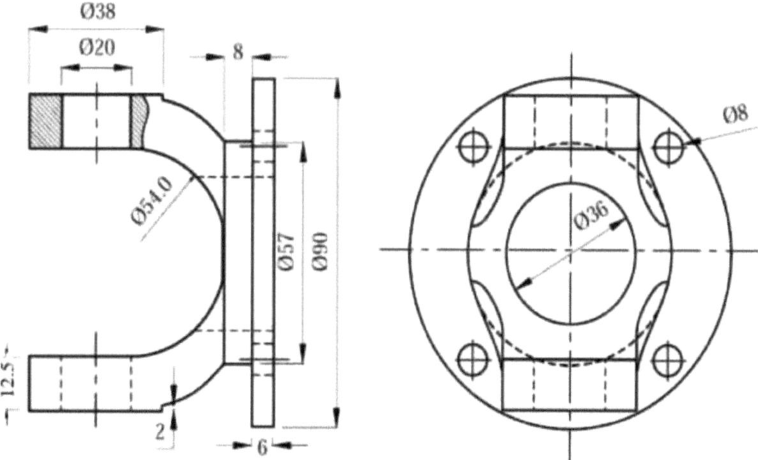

Fig. - 6.1 Desenho 2D da articulação universal Yoke

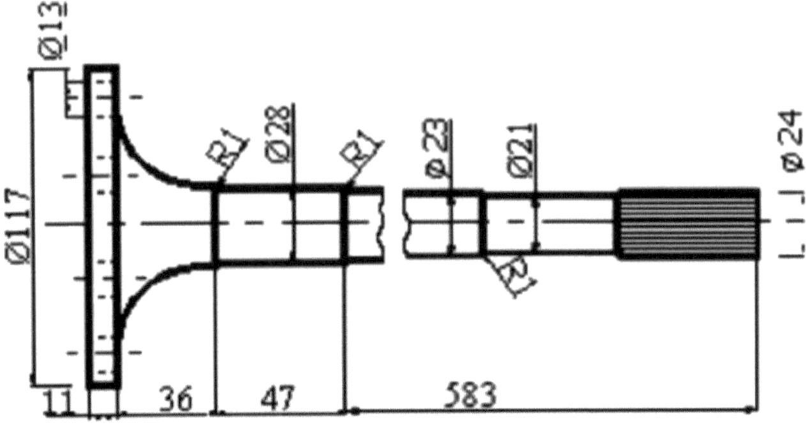

Fig. 6.2 Desenho do veio de transmissão

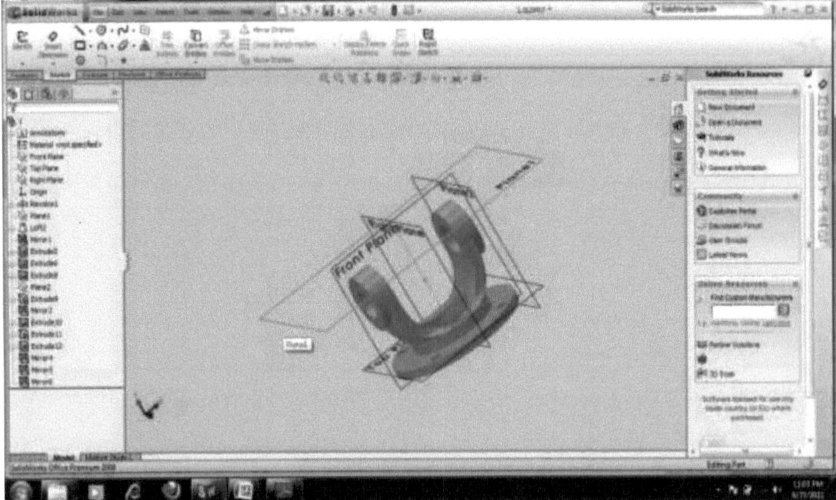
Fig. - 6.3 Modelo CAD do jugo de junta universal em trabalho sólido

Depois de gerar o modelo CAD no Solid work, este é guardado no formato parasolid x_t para evitar a perda de dados. E finalmente o modelo é importado para o ANSYS Workbench.

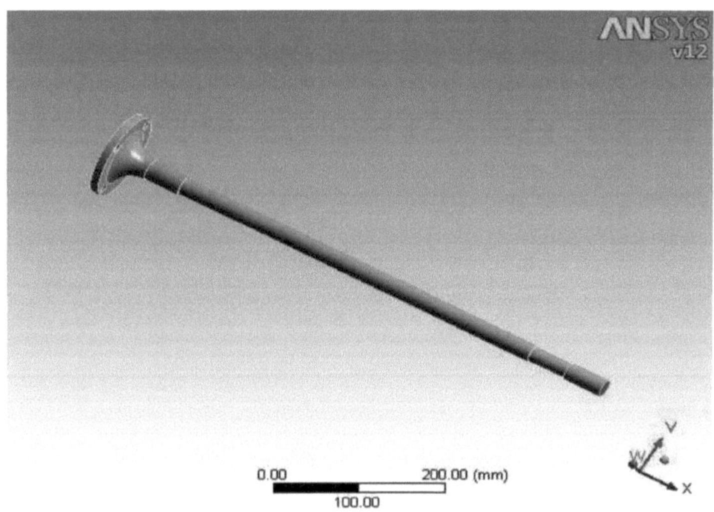

Fig 6.4 Modelo do veio de transmissão em ANSYS

6.1.1 Propriedades dos materiais

A) Joelho de articulação universal

Material selected	Structural steel
Young's Modulus,(E)	$2.0* 10^5$ MPa
Poisson's Ratio	0.30
Tensile Ultimate strength	460MPa
Tensile Yield strength	250 MPa
Compressive yield strength	250MPa
Density	7850kg/m3
Behavior	Isotropic

Table 6.1 - Propriedades do material para a forquilha de ligação

B) Eixo de acionamento

Material selected	Structural steel
Young's Modulus,(E)	2.0* 10^5 MPa
Poisson's Ratio	0.30
Tensile Ultimate strength	460MPa
Tensile Yield strength	250 MPa
Compressive yield strength	250MPa
Density	7850kg/m3
Behaviour	Isotropic

Table 6.2 - Propriedades do material para o veio de transmissão

6.1.2 Tipos de malhas

Existem duas técnicas utilizadas para a malha.

1. Malha por algoritmo
2. Malha por forma de elemento

1. **Malhagem por algoritmo :** Esta secção descreve a malhagem por

- **Conformidade de retalhos** - a conformidade de retalhos é uma técnica de criação de malha em que todas as faces e respectivos limites (arestas e vértices) dentro de uma tolerância muito pequena são respeitados para uma determinada peça. A malha de conformidade de remendos é invariável a cargas, condições de contorno, resultados de selecções nomeadas ou qualquer objeto com escopo. Não será necessário efetuar uma nova malha.

- **Independente de remendos** - a independência de remendos é uma técnica de criação de malhas em que todas as faces e os seus limites (arestas e vértices) não são necessariamente respeitados, a menos que exista uma carga, condições de fronteira ou outro objeto com âmbito de aplicação nas faces, arestas ou vértices. A criação de malhas independentes de parcelas é útil quando é necessária uma descaraterização grosseira. A criação de malhas independentes de remendo é independente de cargas, condições de fronteira, resultados de selecções nomeadas em qualquer objeto com âmbito de aplicação. Por isso, será necessário efetuar uma nova malha.

O refinamento da malha não é suportado com a malha independente de remendo.

2. **Malha por forma do elemento :** Esta secção descreve a malha por

- Malha tetraédrica
- Malha hexaédrica
- Malha quádrupla
- Malha triangular
- Malha CFX
- Malha de varrimento

1.1.3 Geração de malha

A malha de elementos finitos é gerada utilizando elementos tetraédricos parabólicos (45335 elementos) e, no veio, a malha de elementos finitos é gerada utilizando elementos tetraédricos parabólicos (29484 elementos). A convergência da tensão de von Mises é verificada. No presente trabalho, é utilizado um método automático para gerar a malha.

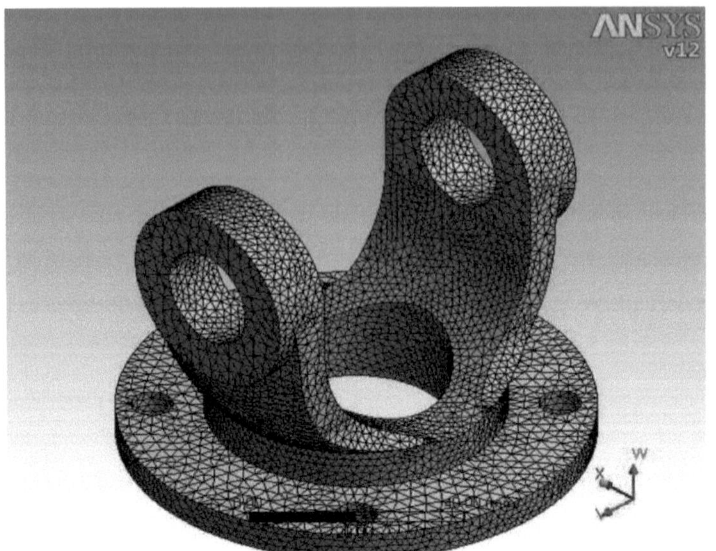

Fig. - 6.5 Modelo de malha da ponte de articulação

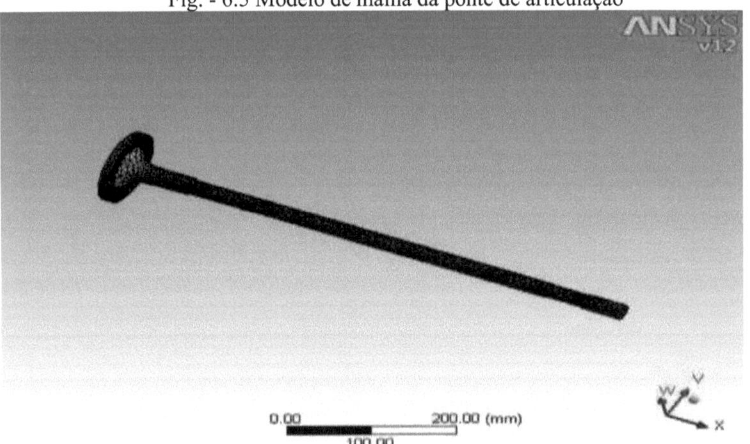

Fig. 6.6 Modelo em malha do veio de transmissão

1.1.4 CONDIÇÕES DE FRONTEIRA

Carregamento

Após a conclusão do modelo de elementos finitos, são aplicadas as condições de fronteira e as cargas. O utilizador pode definir restrições e cargas de várias formas. Isto ajuda o utilizador a manter um registo dos casos de carga. A condição de fronteira é o conjunto de diferentes forças, apoios, restrições e quaisquer outras condições necessárias para uma análise completa. A aplicação de condições de fronteira é um dos processos mais típicos da análise. É necessário um cuidado especial ao atribuir cargas e restrições aos elementos. São aplicados dois momentos de torção de 200 N-m no local de montagem da aranha, na direção oposta entre si, na ponte de junção e é dado um apoio cilíndrico no furo central da placa de base.

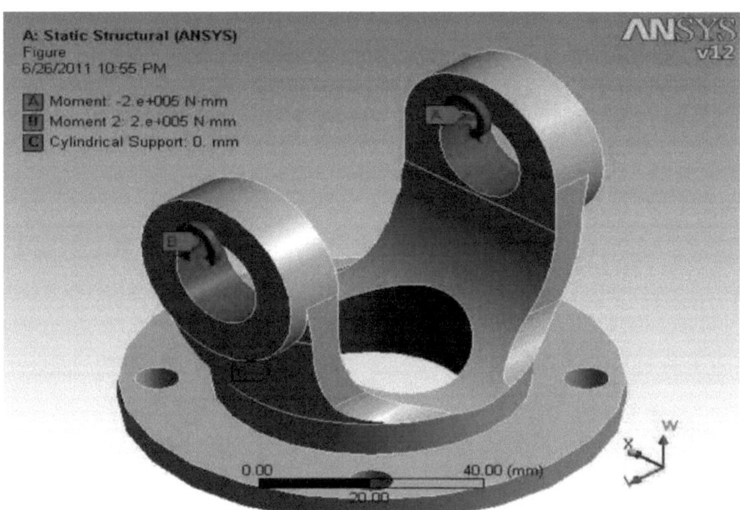

Fig - 6.7 Restrições aplicadas no jugo de articulação

No caso do veio de transmissão, há duas forças a atuar no veio. As cargas são uma carga de flexão lateral de 2500 N e um momento de torção para a rotação da roda de 100 N-m, e o apoio cilíndrico é dado na parte aparafusada da placa de base do veio.

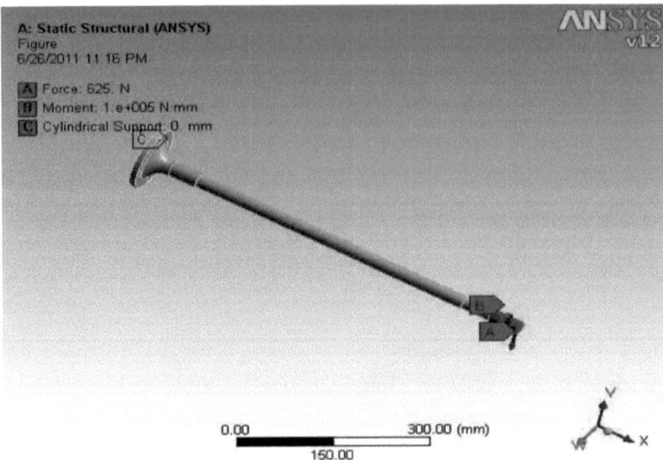

Fig - 6.8 Restrições aplicadas ao veio de transmissão

6.2 VISUALIZAÇÃO DO MODELO

Durante a aplicação das condições de fronteira, é necessário visualizar o modelo de diferentes ângulos. O pré-processador oferece capacidades de rotação, suavização, dimensionamento e regiões, conjunto ativo, etc., para uma visualização e edição eficientes do modelo.

6.3 SOLUÇÃO

A fase de solução trata da solução do problema de acordo com as definições do problema. Todo o trabalho tedioso de formulação e montagem de matrizes é feito pelo computador e, finalmente, os deslocamentos e os valores de tensão são dados como saída.

6.4 PÓS-PROCESSADOR

É um poderoso programa de pós-processamento de fácil utilização que utiliza gráficos interactivos a cores. Dispõe de extensas funções de representação gráfica para mostrar os resultados obtidos a partir da análise de elementos finitos. Uma imagem dos resultados da análise (ou seja, os resultados numa forma visual) pode muitas vezes revelar em segundos o que um engenheiro levaria uma hora a avaliar a partir de um resultado numérico, digamos em forma de tabela. O engenheiro pode também ver os aspectos importantes dos resultados que poderiam facilmente passar despercebidos numa pilha de dados numéricos. Toda a gama de opções de pós-processamento de diferentes tipos de análise pode ser acedida através do modo de comando/menu, dando ao utilizador uma maior flexibilidade e conveniência:

- Contornos de tensões, deslocamentos, temperaturas, etc.
- Deformar gráficos geométricos, gráfico sombreado de fonte de luz
- Formas deformadas animadas
- Gráficos de história temporal,
- Corte sólido Traçado de linhas ocultas e traçado de linhas de contorno, etc.

CAPÍTULO 7

RESULTADOS E DEBATES

Os resultados da FEA da arcada e do veio de transmissão foram analisados e comparados com os resultados disponíveis para validação. A Fig. 7.1 mostra o contorno de von-mises da ponte de articulação para um momento de torção de 200 N-m.

A tensão máxima é de (290,26 MPa) perto do suporte cilíndrico.

Os resultados da análise modal da articulação e do veio de transmissão, juntamente com a deformação a diferentes frequências naturais, são apresentados na secção 7.2. Utilizando a análise modal, podem ser identificadas várias formas próprias da estrutura e podem ser tomadas medidas eficazes para melhorar a estrutura, optimizando assim o sistema.

7.1 ANÁLISE ESTÁTICA

7.1.1 RESULTADOS DA ANÁLISE ESTRUTURAL ESTÁTICA DA PONTE DE ARTICULAÇÃO

As figuras 7.1-7.4 mostram a tensão equivalente (von-mises), a tensão de cisalhamento, a deformação total e a deformação elástica equivalente (von-mises) na junta de ligação para um momento de torção de 200 N-m.

A cor apresentada na barra de junção representa as tensões e a deformação presentes no elemento. A cor vermelha mostra a tensão máxima e a deformação máxima, enquanto a cor azul mostra a tensão mínima e a deformação mínima nas respectivas figuras.

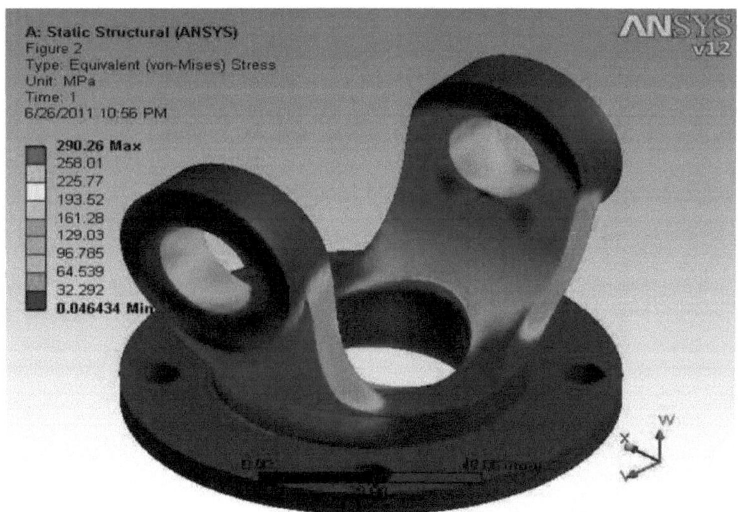

Fig. 7.1 Tensão equivalente (Von-Mises) para cada elemento na ponte de junção.

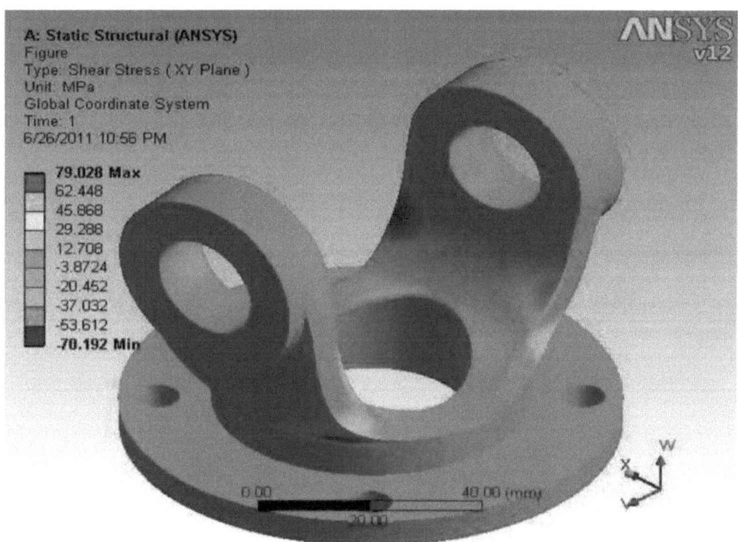

Fig.7.2 Tensão de corte para cada elemento na ponte de ligação.

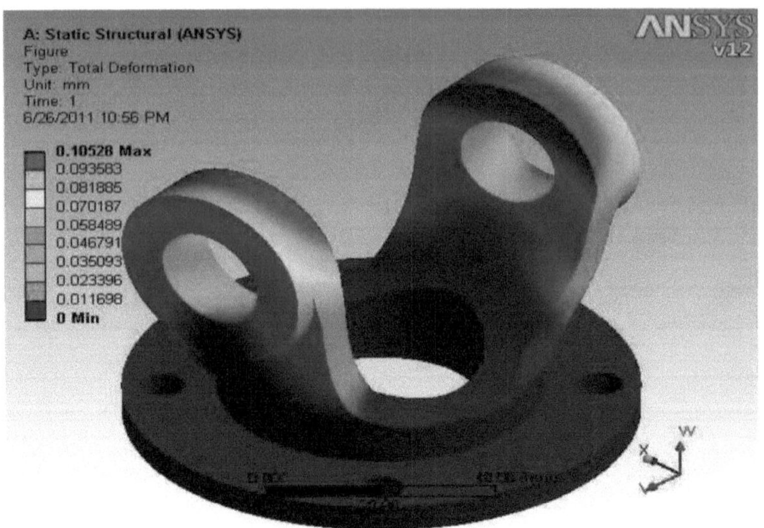

Fig 7.3 Deformação total para cada elemento na ponte de junção

Fig 7.4 Deformação elástica equivalente (Von-Mises) para cada elemento na ponte de junção

7.1.2 RESULTADOS DA ANÁLISE ESTRUTURAL ESTÁTICA DO VEIO DE TRANSMISSÃO

As figuras 7.5-7.7 mostram a tensão equivalente (von-mises), a tensão de corte e a deformação elástica equivalente (von-mises) no veio de transmissão para um momento de torção de 100 N-m e uma carga de flexão lateral de 2500 N. A cor vermelha mostra a tensão máxima e a deformação máxima, enquanto a cor azul mostra a tensão mínima e a deformação mínima nas respectivas figuras.

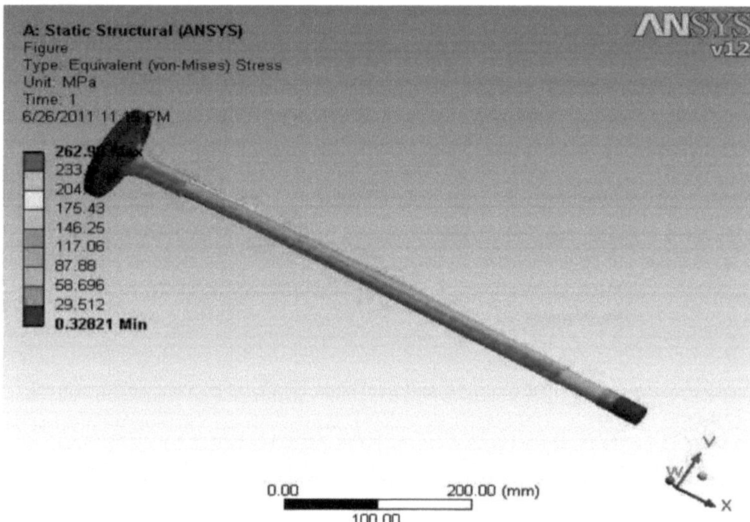

Fig 7.5 Tensão equivalente (Von-Mises) para cada elemento do veio de transmissão

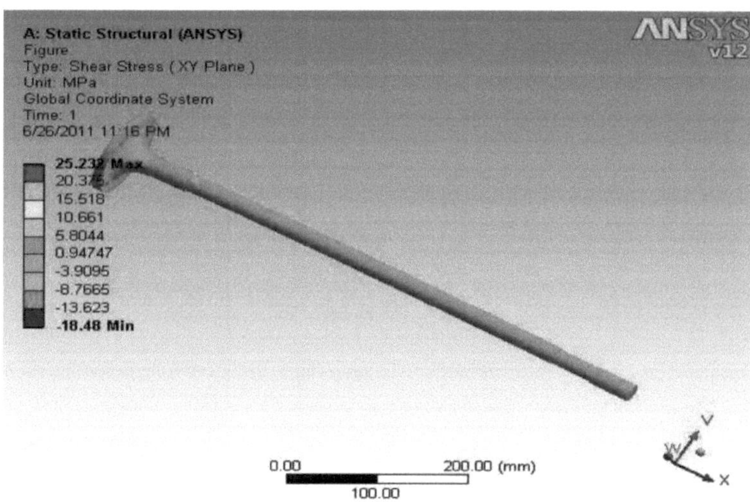

Fig 7.6 Tensão de corte para cada elemento do veio de transmissão

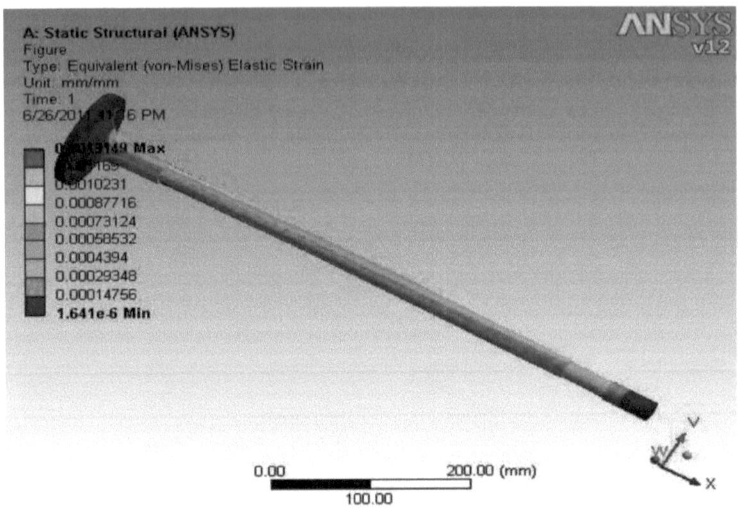

Fig 7.7 Deformação elástica equivalente (Von-Mises) para cada elemento do veio de transmissão

7.1.3 COMPARAÇÃO DOS RESULTADOS FEA DO MODELO ACTUAL

7.1.3.1 Joelho de articulação universal

Sr. No.	Parameters	Existing Results (Ref.- 1)	FEA Results	Percentage Variation
1.	Equivalent von-Misses stress	356 MPa	290.26 MPa	18.46 %
2.	Shear stress	-	79.028 MPa	-
3.	Total deformation	-	0.10528 mm	-
4.	Elastic strain	-	0.0014513	-

Tabela No: 7.1 Comparações de resultados para análise estática

7.1.3.2 Eixo de acionamento

Sr. No.	Parameters	Existing Results (Ref.- 1)	FEA Results	Percentage Variation
1.	Equivalent von-Misses stress	296 MPa	262.90 MPa	11.18%
2.	Shear stress	-	25.232 MPa	-
3.	Elastic strain	-	0.0013149	-

Tabela No: 7.2 Comparações de resultados para análise estática

Os resultados da FEA estão em estreita concordância com os resultados existentes. A variação da tensão de von mises para a junta de ligação é de 18,46%, o que é considerável. Os resultados da FEA no caso do veio de transmissão estão próximos dos resultados existentes. A variação da tensão von-mises para o veio de transmissão é de 11,18%. Não há resultados disponíveis para a tensão de corte, a deformação total e a tensão elástica de von-mises para comparação. A conceção atual é aceitável e segura para uma simulação dinâmica posterior.

7.1. 4Otimização do peso

Name	Original	Optimized	Weight reduction	Percentage Variation
Weight	0.66246 kg.	0.64315 kg	0.01931 kg	2.91 %

Quadro n.º: 7.3 otimização do peso

7.2 ANÁLISE MODAL

O objetivo da análise modal em mecânica estrutural é determinar as formas e frequências naturais de um objeto ou estrutura durante a vibração livre. A análise modal é um método eficaz para determinar os pontos fracos de estruturas complexas. A fim de melhorar o desempenho da junta de ligação e do veio de transmissão e diminuir as falhas causadas pela vibração durante o funcionamento, foi efectuada uma análise modal. Neste trabalho, é utilizado um modelo tridimensional de elementos finitos da articulação e do veio de transmissão para fornecer frequências analíticas e formas próprias e, em seguida, a distribuição modal e as formas próprias de vibração da articulação e do veio de transmissão são obtidas por cálculo.

7.2.1 RESULTADOS DA ANÁLISE MODAL DO JUGO DE ARTICULAÇÃO

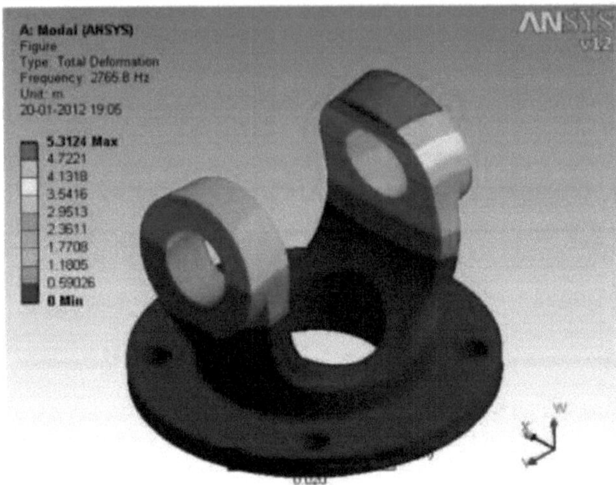

Fig 7.8 Forma do primeiro modo à frequência = 2765,8 Hz

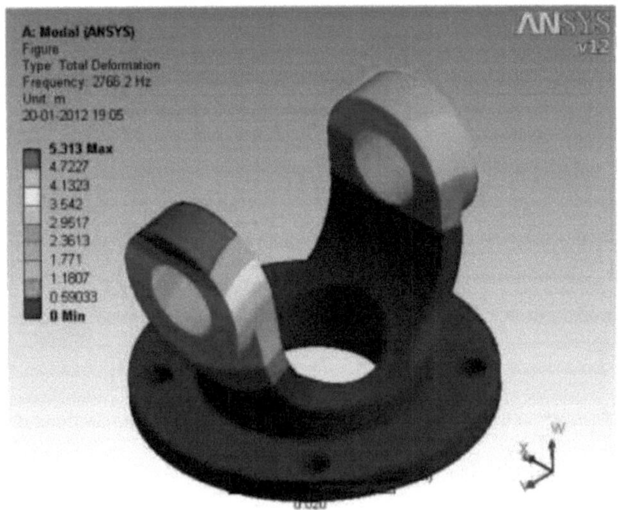

Fig 7.9 Forma do segundo modo à frequência = 2766,2 Hz

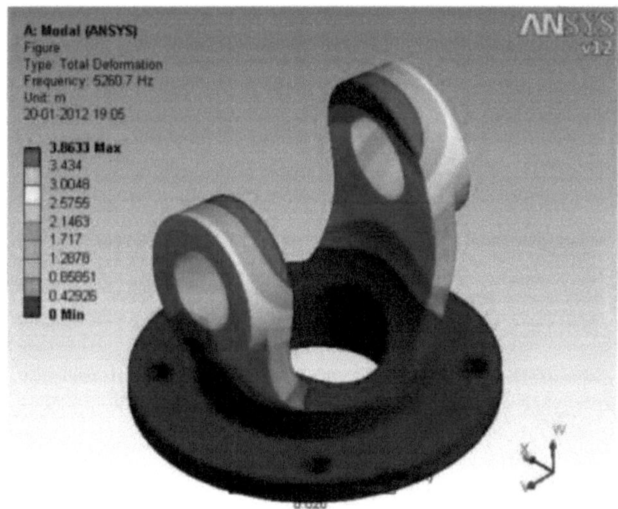

Fig 7.10 Forma do terceiro modo à frequência = 5260,7 Hz

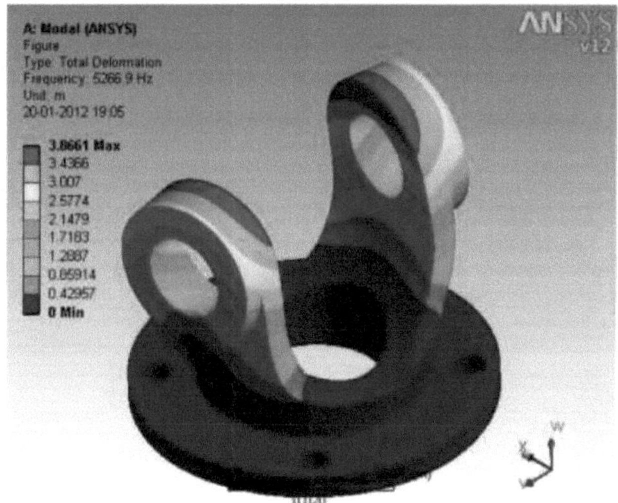

Fig 7.11 Forma do quarto modo à frequência = 5266,9 Hz

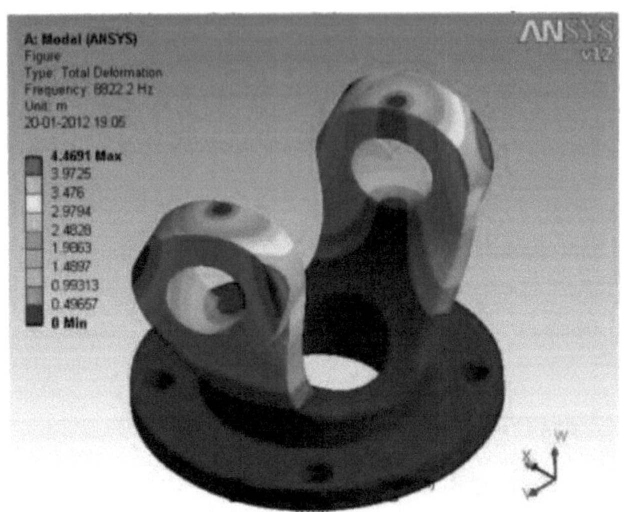

Fig 7.12 Forma do quinto modo à frequência = 8822,2 Hz

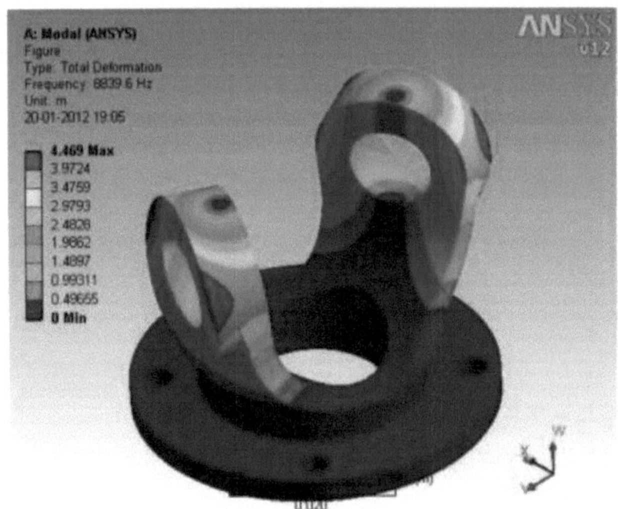

Fig 7.13 Sexta forma própria à frequência = 8839,6 Hz

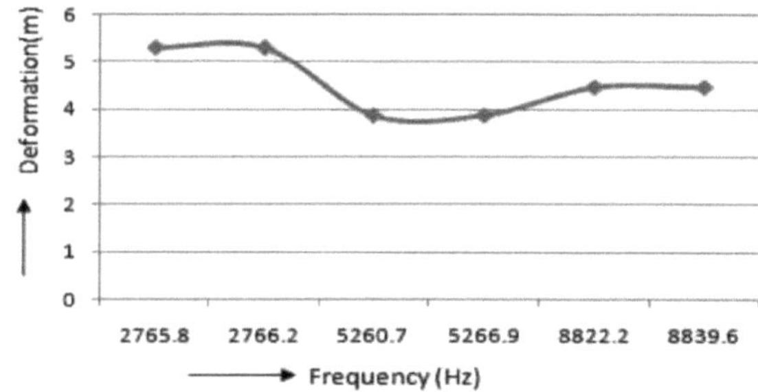

Fig. 7.14 Frequência vs. Deformação

A representação gráfica da deformação em diferentes frequências naturais para a forquilha é apresentada na fig. 7.14. A deformação máxima obtida é de 5,313 m a uma frequência de 2766,2 Hz.

7.2.2 RESULTADOS DA ANÁLISE MODAL DO VEIO DE TRANSMISSÃO

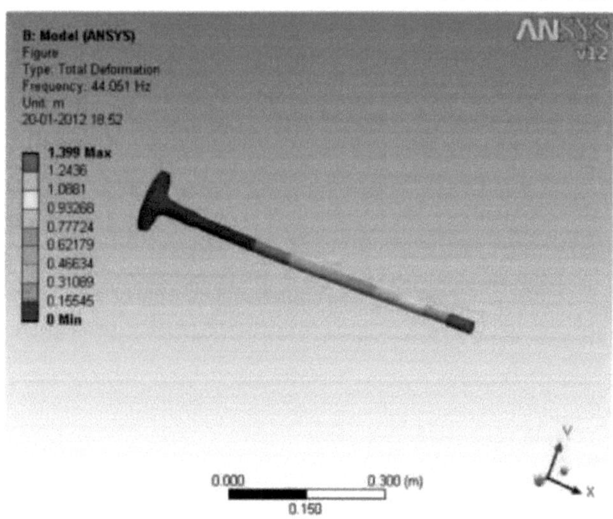

Fig 7.15 Forma do primeiro modo à frequência = 44,051 Hz

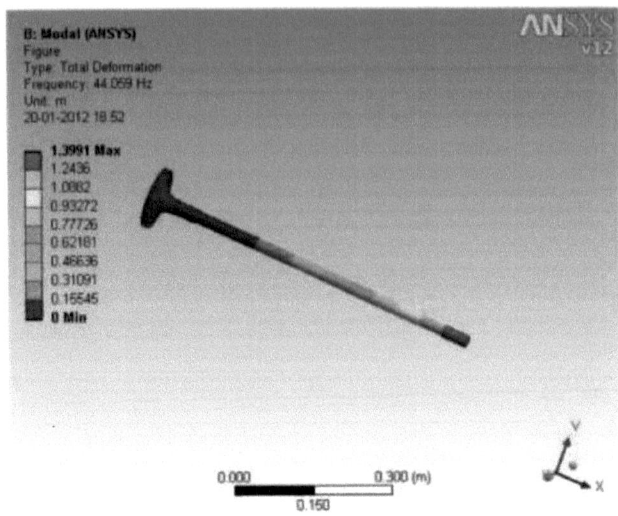

Fig 7.16 Forma do segundo modo à frequência = 44,059 Hz

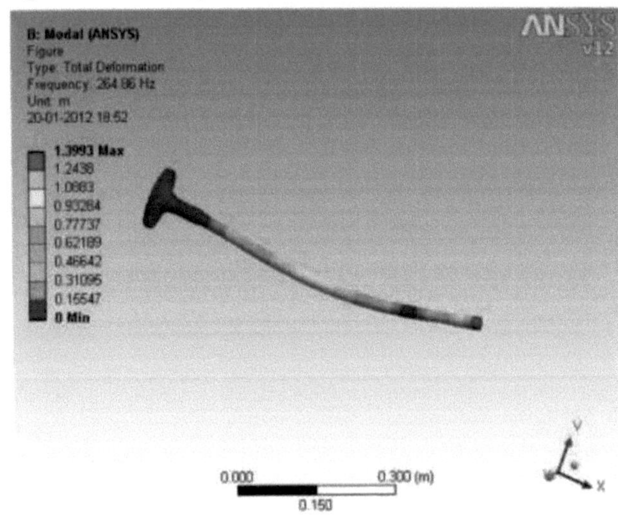

Fig 7.17 Forma do terceiro modo à frequência = 264,86 Hz

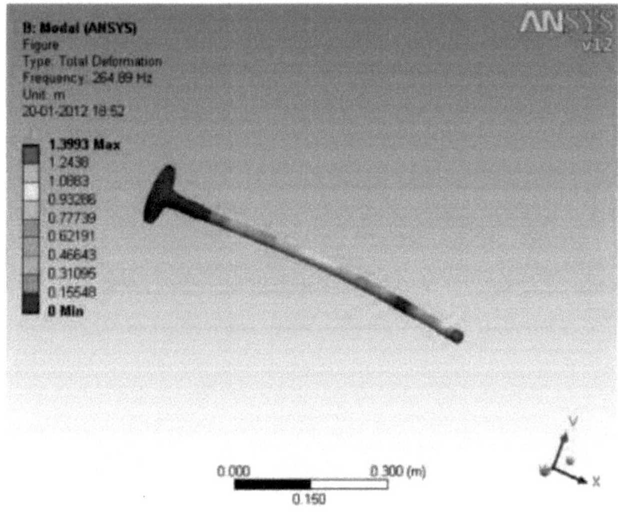

Fig 7.18 Forma do quarto modo à frequência = 264,89 Hz

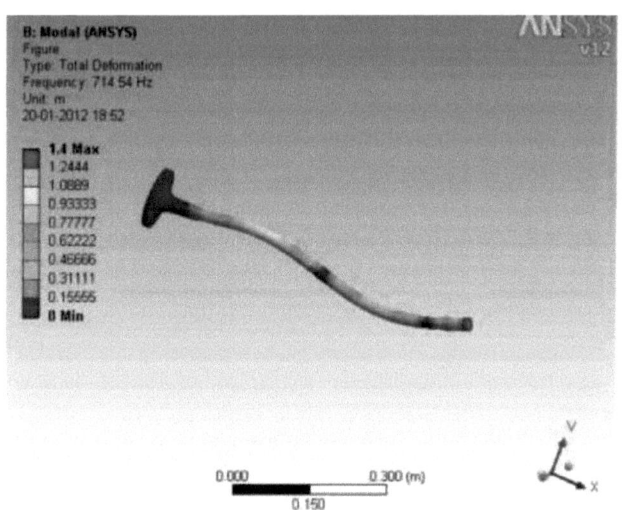

Fig 7.19 Forma do quinto modo à frequência = 714,54 Hz

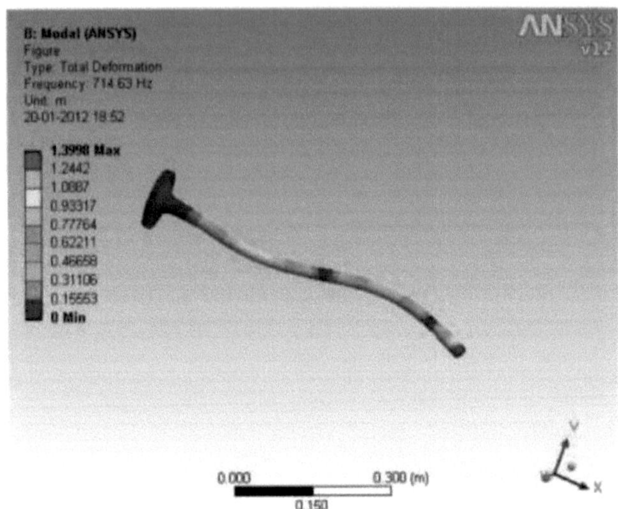

Fig 7.20 Sexta forma própria à frequência = 714,63 Hz

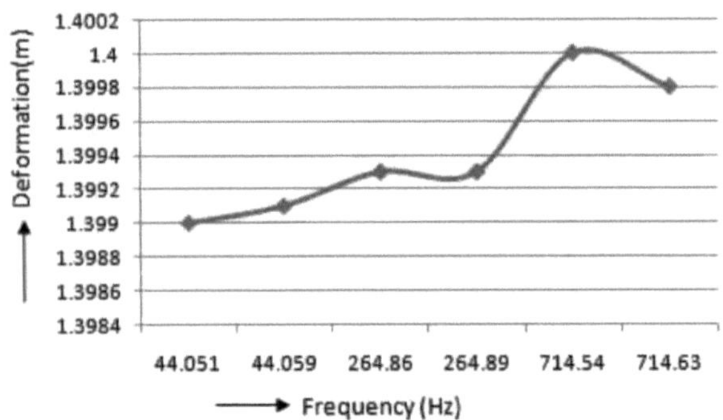

Fig. 7.21 Frequência vs. Deformação

A representação gráfica da deformação em diferentes frequências naturais para o veio de transmissão é mostrada na fig. 7.21. A deformação máxima obtida é de 1,4 m a uma frequência de 714,54 Hz.

CAPÍTULO 8

CONCLUSÃO

8.1 CONCLUSÃO

A análise de elementos finitos da articulação e do veio de transmissão foi efectuada utilizando o ANSYS Workbench. A partir dos resultados obtidos da análise de elementos finitos, foram efectuadas várias discussões. Os resultados obtidos estão de acordo com os resultados existentes disponíveis. O modelo aqui apresentado é seguro e está dentro dos limites de tensão admissíveis.

1. Com base no trabalho atual, conclui-se que os parâmetros de conceção da forquilha e do veio de transmissão, com modificações, melhoram suficientemente os resultados existentes, ou seja, a variação da tensão de von-mises para a forquilha é de 18,46% e para o veio de transmissão é de 11,18%.
2. O peso da canga também é reduzido em 2,91%, reduzindo assim o custo do material.
3. A tensão é máxima perto do suporte cilíndrico.
4. Na análise modal, obtemos diferentes formas próprias e respectivas deformações para a forquilha e o veio de transmissão. A deformação máxima obtida na forquilha é de 5,313 m, a uma frequência de 2766,2 Hz, e a deformação máxima obtida no veio de transmissão é de 1,4 m, a uma frequência de 714,54 Hz.

8.2 ÂMBITO DO TRABALHO FUTURO

1. A análise dinâmica e de fadiga também pode ser efectuada para a mesma conceção do jugo da junta universal.
2. Podem ser utilizados materiais compósitos e heterogéneos para proporcionar a máxima rigidez com o mínimo de peso.

REFERÊNCIAS

[1] H. Bayrakceken, S. Tasgetiren, I. Yavuz "Two cases of failure in the power transmission system on vehicles: A universal joint yoke and a drive shaft", Engineering Failure Analysis, Vol. 14, PP. 716- 724, 2007.

[2] Vishal Rathi e Nitin K. Mandavgade "Fem analysis of universal joint of Tata 407" Segunda Conferência Internacional sobre Tendências Emergentes em Engenharia e Tecnologia, ICETET-09,

[3] G.K. Nanaware, M.J. Pable "Failures of rear axle shafts of 575 DI tractors" Engineering Failure Analysis, Vol. 10, PP. 719- 724, 2003.

[4] D.H. Duffner "Torsion Fatigue Failure of Bus Drive Shafts", JFAPBC, Vol. 6, PP. 7582, 2006.

[5] A. Goksenli e I.B. Eryurek "Failure analysis of an elevator drive shaft", Engineering Failure Analysis, Vol. 16, PP. 1011- 1019, 2009.

[6] S. R. Hummel e C. Chassapis "Configuration Design and Optimization of Universal Joints", Mech. Mach. Theory, Vol. 33, No. 5, PP. 479- 490, 1998

[7] H. Bayrakceken "Failure analysis of an automobile differential pinion shaft", Engineering Failure Analysis, Vol. 13, PP. 1422- 1428, 2006.

[8] Scott Randall Hummel, Constantin Chassapis "Configuration design and optimization of universal joints with manufacturing tolerances", Mechanism and Machine Theory, Vol. 35, PP. 463-476, 2000

[9] A. M. Heyes "Automotive Component Failures" Engineering Failure Analysis, Vol. 4, No 2, PP 129-141, 1998

[10] X. B. Lin e R. A. Smith "Simulação do crescimento da fadiga para fissuras em barras redondas entalhadas e não entalhadas", International Journal of Mechanical Science. Vol. 40, No. 5, PP.

405 419, 1998

[11] E. Makevet, I. Roman "Failure analysis of a final drive transmission in off-road vehicles"

Engineering Failure Analysis, Vol. 9, PP. 579- 592, 2002.

[12] V.R. Ranganath, G. Das, S. Tarafder, Swapan K. Das "Failure of a swing pinion shaft of a dragline", Engineering Failure Analysis, Vol. 11, PP. 599- 604, 2004.

[13] www.matweb.com.

[14] V.B. Bhandari, Sharma. & Agarwal "Books of machine design".

[15] Machine Design Data Book, de Shiwalkar.

[16] Trabalhos sólidos.

[17] ANSYS 12 Workbench.

Printed by Books on Demand GmbH, Norderstedt / Germany